내가 들어보지 못해서,
아이에게 해주지 못한 말들

내가 들어보지 못해서,
아이에게 해주지 못한 말들

다나카 시게키 지음 | 장민주 옮김

5,000가정을 변화시킨
정신과 의사의
따뜻한 대화 습관 28

길벗

시작하며

아이를 사랑으로 대하지만

무심코 상처 주고 마는 부모님들에게

시작하기 전에 우리가 어렸을 때 자주 보던 TV 만화영화를 떠올려볼까요? 〈아기공룡 둘리〉 〈달려라 하니〉 〈빨강머리 앤〉 〈은하철도 999〉, 생각나시나요? 조금 더 기억을 끌어내서 그 만화영화들의 주인공을 생각해보세요. 〈아기공룡 둘리〉의 둘리, 〈달려라 하니〉의 하니, 〈빨강머리 앤〉의 앤, 〈은하철도 999〉의 철이 중에서 당신은 어떤 캐릭터를 좋아하나요? 내 아이가 저렇게 자라면 좋겠다고 생각한 캐릭터가 있나요?

모든 주인공이 주어진 환경에서 최선을 다해 열심히 살았지만, 그중에서도 빨강머리 앤을 선택하는 부모들이 많을 것 같습니다. 상상력이 풍부하고 어떤 어려움도 긍정적인 생각으로 이겨내는 밝은 앤의 모습에서 아이다운 천진난만함과 순수하고

4

도 강한 에너지, 사랑스럽고도 자유로운 사고가 보이기 때문입니다. 그럼 당신의 아이는 지금 어떤가요? 아이다운 천진난만함과 에너지를 맘껏 펼치며 살고 있나요? 그런 아이를 당신은 어떤 마음으로 대하고 있나요?

아이 본연의 모습대로 살아가길 바라면서도 불안한가요?

저는 심리학을 전공한 의사이자 네 아이의 아빠입니다. 네 아이들 중 셋은 이미 독립해 자기 삶을 꾸려가고 있습니다. 저는 정신과 의사로서의 임상경험과 개구쟁이 네 아이들을 키우는 과정에서 배우고 느낀 경험을 바탕으로 아동 상담을 해왔으며 그 아이들의 부모님도 함께 상담하고 있습니다.

지난 20년간 5,000회 이상 가족 상담을 하고, 15년 넘게 매주 아이들을 위한 놀이 모임을 운영하며 느낀 것이 있습니다. 아이의 미래상을 규정하고 부모가 해야 할 역할을 부여한 다음 그것을 이루기 위해 살아가는 부모들이 너무 많다는 것입니다. 그리고 더 잘하려고 노력하는 부모일수록 육아를 힘들어하고 끊임없이 걱정하고 불안해한다는 것입니다. 그러다 보니 부모는 육아에서 즐거움을 찾지 못하고, 아이는 부모의 눈치를 보느라 힘들어합니다.

사실 저도 부모 눈치를 보는 아이였습니다. 대학원에서 인지심리학과 뇌과학을 연구한 뒤, 임상심리사 자격증을 따고 상담 공부를 하면서야 비로소 제 마음을 들여다볼 수 있었습니다. 그때 깨달은 것이, 제가 어릴 때부터 부모를 기쁘게 하기 위해 알게 모르게 '똑똑이' 역할을 '연기'하면서 살아왔다는 사실입니다. 내가 원하는 것을 자유롭게 발산하며 산 것이 아니라 부모의 기준에 맞춰 살았던 것이지요.

그걸 깨달은 이후 저는 제 마음을 정직하게 마주하고자 노력했습니다. 그리고 제 아이는 그렇게 키우지 말자고 스스로에게 다짐했습니다. 어른의 기준에 맞춰 재단하기보다, 아이가 그 나이대의 아이다움을 잃지 않고 본연의 모습으로 자랄 수 있으면 좋겠다는 생각을 했습니다. 그래서 아이들을 키우면서는 저의 편견이나 세상의 속박 없이 있는 그대로를 보고자 노력했습니다. 그랬더니 아이를 키우는 것이 즐거운 일상이 되었고, 아이들의 행복한 마음이 눈에 들어왔습니다. '완벽한 아이로 키워야 한다는 부담을 덜고 편한 마음으로 육아를 해도 된다'는 확신도 생겼습니다.

최고의 환경, 완벽한 삶이란 부모의 허상입니다

처음 아이들을 상담실에서 만날 때, 저에게는 약간의 편견이 있었습니다. 아이들의 문제는 부모에게서 바롯된다는 편견 말이죠. 성인이 아닌 아이들의 상담은 반드시 부모 상담이 병행됩니다. 아이는 부모로부터 매우 큰 영향을 받고 자라니까요. 우울증을 겪는 아이부터 자해하는 아이, 집에 틀어박혀 나오지 않는 아이, 무기력에 빠진 아이 등 마음이 아픈 아이들을 만나기 전에 저는 '아이들의 부모들에게도 문제가 있지 않을까?' 생각도 잠시 했습니다.

그러나 막상 상담실에서 만난 부모들은 매우 평범했습니다. 도리어 아이를 잘 키우고자 하는 마음이 매우 크고, 아이가 너무 소중해서 어떻게 다뤄야 할지 모르는 부모들이 더 많았습니다. 그런 부모들은 이런 질문을 자주 합니다.

"어떻게 해줘야 아이가 행복한 삶을 살 수 있을까요?"

"제가 육아를 잘못해서 내 아이가 불행해지면 어떡하죠?"

"어떻게 하면 아이를 올바른 방향으로 이끌 수 있을까요?"

그런 부모들은 아이에게 완벽한 환경을 마련해주고 싶은 욕구가 컸고, 학업, 인성 및 감성 발달, 뇌 발달 등 뭐 하나 빠지지 않게 최선을 다해주고 싶어 했습니다. 그런데 웬일인지 아이는 의욕이 없고, 입을 꾹 다문 채 점점 멀어져가는 것이죠. 저도 제 아내도 첫 아이를 키울 때는 그랬습니다. 의사인 저도 너무 불안해서 책과 인터넷 등으로 각종 전문 정보도 얻고 주변에 물어보기도 했지만 그럴수록 압박감만 늘어나더군요.

조금만 다르게 생각합시다. 최고의 환경을 제공한다 해도 그것은 부모의 기준에서 최고일 뿐 아이의 생각은 다를 수 있지 않을까요? 아이의 부족한 점을 발견하고 부지런히 메워준다고 해서 아이가 완벽한 사람이 되는 것도 아닙니다. 아니, 최고의 환경, 완벽한 삶이란 그저 우리의 환상입니다. 오히려 그런 목표를 지니고 있으면 아이를 키우는 게 과제의 시간이 되고 맙니다.

하지만 아이가 본연의 타고난 모습대로 자라도록 인정한다면, '다음에는 어떤 모습을 보여줄까?', '이 일을 기회로 무엇을 스스로 배웠을까?'를 기대하며 성장을 지켜볼 수 있습니다. 그러면 육아가 실패할까 불안하지 않을뿐더러 다음 단계에 대한 기대감이 커집니다. 부모가 이리저리 조종하지 않아도 잘 자라는 아이를 보면 '우리 애는 혼자서도 어떻게든 성장하는 힘이 있어!'라는 믿음이 생겨납니다. 그렇게 아이를 바라보면 아이가 신기하게도 부모의 믿음을 알아차립니다. 자기 스스로 세상을 살아가는 힘과 자신감, 자존감을 키워갑니다.

사랑한다는 핑계로, 상처를 무심코 대물림하지 마세요

그럼 어떻게 노력하면 될까요? 제가 상담실에서 만난 많은 부모들이 아이에게 일부러 못되게 굴지는 않았습니다. 다만 아이를 잘 키우고 싶고 바르게 키우고 싶은 마음은 큰데, 방법이 잘못돼서 무심코 상처를 주고 그것이 쌓이고 쌓여 아이와의 관계가 어그러지고 만 경우가 많았습니다.

이유는 간단합니다. 지금 아이를 키우는 부모 세대는 그들의 부모로부터 따뜻한 말을 듣고 자란 경험이 적었습니다. 먹고 살기 바쁜 부모들은 아이의 마음을 하나하나 돌보기 힘들었고, 또 자녀 교육에 대한 연구도 많이 이뤄지지 않았던 시절이라 정보도 적었지요. 그래도 부모들이 어렸을 때는 형제자매도 많고 친척, 이웃 등 정을 나눌 대상이 많았습니다. 그러나 지금 아이들은 풍요로운 세상에서 외롭게 자랍니다. 가정 외에서 깊이 교류할 상대는 초등학교에 입학한 이후에나 서서히 친구를 만들며 생겨납니다. 그마저 예전만큼 몸을 부딪치며 놀 기회가 현저히 적습니다. 그렇기에 요즘 아이들에게는 부모가 매우 큰 영향을 줍니다. 우리가 부모로부터 받은 상처를 무심코 대물림한다면 아이에게는 매우 큰 상처가 될 수 있습니다.

이렇게 말씀드리면 "저는 우리 부모님과 달라요. 사랑을 듬뿍 주고 있다고요"라고 억울해하시는 분들이 많아요. 요즘 부모님들이 자녀를 사랑하지 않는다는 말이 아닙니다. 아이를 사랑해서 은근히 통제하는가, 아이가 아이 본연의 모습대로 자랄 수 있도록 기다려주는가의 차이입니다. 아이를 바르게 키우려고 애쓰는가, 아니면 아이가 스스로 성장할 힌트를 주는가의 차이입니다. 보통 전자의 경우가 많습니다. 친절하고 은근하게 아이가 성장할 기회를 빼앗고 계신 건 아닌지 돌아봐야 합니다. 아이와 사이가 좋다고 여기지만 아이가 은근히 보내는 SOS 신호를 읽지 못하고 위험 상황에 방치하고 있는 분들도 있습니다.

이 책에서 제가 하고 싶은 이야기는 두 가지입니다.

첫째, 아이에게서 본연의 천진난만함과 에너지를 빼앗지 않으면서 아이를 키우는 방법을 깨달으면 좋겠습니다. 아이는 원래 에너지가 넘치는 존재입니다. 이 에너지만 있다면 아이 스스로 행복해지는 방법을 찾아갑니다. 둘째, 육아는 그 자체가 목적이나 수단이 아니므로, 아이와 함께하는 매 순간이 행복이어야 합니다.

이 두 가지를 찾을 수 있도록 이 책에서는 일상에서 활용할 수 있는 대화법을 정리했습니다. 아이와 자주 겪게 되는 28가지 상황을 제시하고, 그 순간에 부모가 '무심코 상처 주는 말'과 '아이를 따뜻하게 감싸고 성장시키는 말'을 대비해서 소개합니다.

'무심코 상처 주는 말'은 언뜻 들으면 부모가 아이를 위해 하는 말 같지만, 사실은 부모가 당장 마음 편하기 위해서 쓰는, 사실은 아이에게서 천진난만함과 에너지를 빼앗는 말입니다. 그러나 '아이를 따뜻하게 감싸고 성장시키는 말'은 아이의 행복한 자립을 지지하는 말로, 아이에게서 천진난만함과 에너지를 이끌어내고 부모의 마음도 편안하게 해줍니다.

부모마다 처한 상황이 달라서 가장 적합한 육아 솔루션 역시 집집마다 다르겠지만, 이 책을 통해 '완벽한 육아에 대한 부담을 덜어도 된다', '아이를 엄하게 대하지 않아도 괜찮다'는 것만은 깨닫기를 바랍니다. 그리고 '아이를 이렇게 대해도 되는구나' 하고 느껴서 육아에 대한 걱정과 불안을 조금이라도 줄이면 좋겠습니다.

아이에게 필요한 건 좋은 환경보다 자기긍정감입니다

아이는 부모의 감정을 빠르게 읽습니다. 부모가 걱정하고 불안해하면 아이는 괴롭고, 부모가 행복하면 아이는 안심합니다. 그러니 부모는 더더욱 육아를 즐겨야 합니다. 부모가 육아를 즐겁게 하면 아이는 자신의 존재를 긍정적으로 인식합니다.

'엄마 아빠는 있는 그대로의 나를 소중히 여기셔.'
'엄마 아빠는 내가 존재하는 것만으로 행복하다고 생각해.'

자기긍정감은 자존감의 토대가 되며, 차곡차곡 자존감을 쌓는 것은 행복을 위한 저축과도 같습니다. 긍정적 자기 확신은 '힘든 일이 생겨도 나는 어떻게든 이겨낼 수 있다'는 마음을 키워 아이가 인생을 살아가면서 무수히 맞닥뜨릴 위기에서 아이를 지탱해주는 보물이 됩니다. 성적이나 학력보다 훨씬 중요하고도 강력한 능력이지요.

머리로는 아이에게 어떻게 대해야 할지 알고 있지만 막상 아이와 생활하다 보면 행동으로 옮기기가 힘들 때가 있지요? 그럴 땐 어떻게 해야 하느냐고 묻는 부모들에게 저는 이렇게 생각하라고 권합니다.

'지금은 내 곁에서 떼쓰고 울고 있지만 눈 깜짝할 사이에 자라서 자기 세계로 나갈 거야. 그러면 더 이상 이런 모습을 못 보겠지?'

아이가 부모에게 의지하는 지금을 소중히 여기길 바랍니다. 불과 몇 년 뒤면 아이가 "아빠" "엄마" 하고 부르며 도움의 손을 내밀었던 날들을 그리워하게 될 것입니다. 지금이야말로 아이에게 애정을 쏟아야 할 때이며, 힘든 순간들을 행복한 순간으로 바꿀 수 있는 때입니다. '아이를 따뜻하게 감싸고 성장시키는 말'을 아이에게 건넨다면 충분히 할 수 있습니다. 이 책과 함께 육아가 지금보다 훨씬 편하고 행복해지길 바랍니다.

차례

Part 3 아이의 안정감을 키워주는 말

Part 5   아이에게 믿음을 쌓는 말

Part 1

아이의
자기긍정감을
키워주는 말

아이가 처음 만나는 세상은 바로 부모입니다. 부모가 어떻게 하느냐에 따라 세상을 믿을 만한 곳으로 여기기도 하고 불안한 곳으로 여기기도 합니다. 또한 자기 자신에 대한 이미지도 만들어갑니다. 부모가 아이를 관심 있게 살피고 따뜻하게 감싸면 아이는 스스로를 긍정적으로 생각합니다. 부모가 아이를 무관심하고 차갑게 대하면 아이는 스스로를 무가치하게 여깁니다. 그러니 아이가 자기 자신을 긍정적으로 느낄 수 있게 말을 걸어주세요.

병원 진료나 주사를 무서워할 때

◆ 무심코 하는 말 ◆
"울지 말고 씩씩하게 참자."

◆ 자기긍정감을 키워주는 말 ◆
"아팠지? 씩씩하게 잘 참았어."

병원에 가면 우는 아이들이 많습니다. 의사나 간호사가 세심하게 신경을 써주지만 예방접종이나 치과 진료를 위해 병원을 여러 번 오가다 보면 아이의 마음속에 '병원=무서운 체험'이라는 공식이 생겨버립니다.

내 아이가 병원에서 울고불고하면 부모들은 심난합니다. 한 해 한 해 지날수록 병원에서 우는 횟수가 줄어들 걸 알지만, 막상 병원 대기실에서 우리 아이보다 훨씬 어린 아이가 의젓하게 앉아 있는 모습을 보면 우리 애는 왜 이럴까 하는 생각이 들면서 애가 타기도 합니다. 그래서 '지금의 좋지 않은 모습'(진료받을 때마다 큰 소리로 울기)을 어떻게 '보기 좋은 모습'(울지 않고 진료받기)으로 바꿀 수 있을까를 고민하고, '부모인 내가 어떻게든 해결해야 한다'고 마음을 먹습니다.

그러나 그렇게 생각할수록 더 초조해집니다. 오히려 '이 아이가 병원에서 의젓하게 진료받는 건 언제쯤일까?'라고 기대하면서 즐겁게 기다리자고 마음먹으면 편안해집니다.

한 엄마가 자신의 경험을 들려주었습니다.

네 살짜리 아들 경호가 비염이 있어서 자주 이비인후과에 다니는데, 병원에 가는 날이면 집에서부터 울먹울먹한다고 합니다. 병원 대기실에서는 애니메이션과 DVD를 보면서 기분 좋게 놀다가도 이름이 불리는 순간 "싫어!" 하며 울어서 결국 엄마가 안고 진료실에 들어간다고 합니다. 의사 앞에서도 뻗대는 바람에 간호사와 엄마가 붙잡고 있어야 목과 코의 진찰을 받을 수 있다고 했습니다. 경호보다 두 살 많은 딸도 비염 때문에 자주 이비인후과에 갔지만, 딸은 두 살 때부터 전혀 울지 않았답니다.

엄마는 너무나 다른 남매의 모습에 매번 당황한다고 했습니다. 그런데 어느 날 간호사의 한마디가 엄마의 마음을 위로해주었습니다.

"울지 않는 아이도 있고, 어느 정도 클 때까지 한동안 우는 아이도 있으니 너무 신경 안 쓰셔도 돼요."

이때부터 엄마는 '그럼 내 아들은 어느 정도 클 때까지 우는 성향이구나'라고 생각하기로 했습니다.

그런데 얼마 지나지 않아 경호의 태도가 달라지기 시작했습니다. 병원 대기실에서 DVD도 보지 않고 앞을 응시한 채 가만히 앉아 있다가 자기 이름이 불리자 엄마가 뭐라고 말하기도 전에 제 발로 걸어서 진찰실에 들어갔습니다. 진찰을 받을 때는 의사가 "아~" 하자 스스로 입을 벌렸습니다. 의사와 간호사들이 "오늘 아주 멋지구나!"라고 칭찬하자 경호도 만족스러운 표정을 지었습니다.

엄마는 그때의 심정을 이렇게 들려주었습니다.

"이전과는 다른 아들의 행동을 보면서 '경호도 진찰실에서 우는 것이 싫었나 보다'라는 생각이 들었습니다. 다른 아이들처럼 울지 않고 해내고 싶었겠지요. 그리고 훌륭하게 해냈습니다. 그런데 제 마음이 참 이상했어요. 경호가 언젠가 울지 않고 진찰받을 날이 올 거라고 생각했지만, 막상 그날이 오니 왠지 쓸쓸했어요. 이젠 아들을 안고 진찰실에 들어갈 일이 없겠구나 싶어서요."

울고 싶지 않았지만 자꾸 울음이 나와 가장 곤란한 사람은 아마 경호 자신이었을 겁니다. 그리고 이제 경호는 한 단계 성장했습니다. 그런 경호의 모습을 보면서 엄마는 대견하면서도, 이젠 더 이상 엄마의 손길을 필요로 하지 않는 것 같아 마음 한편이 쓸쓸했나 봅니다.

아이들은 하나하나 단계를 밟아가며 성장합니다

이런 일은 어느 아이한테나 일어날 수 있는 성장의 과정입니다. 만약 경호 엄마가 이 과정을 '내가 해결해야 할 번거로운 일'로 생각했다면 달라진 아이의 모습에 그저 마음을 놓았을지 모릅니다. '아, 이 단계는 지나갔구나. 그렇지만 앞으로 내가 해야 할 일들은 여전히 많이 남아 있어. 부모로 사는 건 참 힘들다…' 이렇게 말입니다.

그러나 경호 엄마가 그랬듯 씨앗에서 싹이 나오길 기다리는 마음으로 아이를 기다려준다면 어떨까요? 아이가 처음 "엄마!" 하고 불렀을 때나 무언가를 붙잡고 홀로 섰을 때처럼 아이가 세상을 향해 힘을 키워가는 멋진 순간을 감동적인 시선으로 바라보게 될 것입니다. 그리고 '다음엔 어떤 일로 나에게 감동을 줄까?' 하며 다음 단계의 성장을 기다릴 테지요.

'아이를 어떻게 잘 키우지?', '그러려면 무엇을 어떻게 해야 하지?' 하는 부담과 걱정은 뒤로 미루고 '아이의 성장과 아이 스스로 이뤄내는 것들을 즐거운 마음으로 기다려야지' 하는 자세로 아이와 함께하면 육아의 어려움은 줄어들고 기쁨은 더욱 커질 것입니다. 그리고 앞으로 펼쳐질 여러 장면에서 '이 아이는 어떻게든 해낼 것이다'라는 믿음이 차곡차곡 쌓일 것입니다. 그렇게 부모가 믿음과 기대의 시선을 보내면 신기하게도 아이들은 그에 응답하듯 세상을 살아갈 힘을 쑥쑥 키웁니다.

양치질하기 싫어할 때

◆ 무심코 하는 말 ◆

"이를 안 닦으면 충치가 생겨."

◆ 자기긍정감을 키워주는 말 ◆

"이 닦는 걸 너무 싫어하니 난감하네!"

세 살 된 수빈이는 매일 저녁마다 아빠와 이를 닦네 마네 하며 힘겨루기를 합니다.

원래 수빈이의 아빠는 아이의 양치질을 크게 신경 쓰지 않았습니다. 그런데 6개월쯤 전에 아이의 치아 검진 차 치과에 갔다가 대기실 벽에 걸린 포스터를 본 뒤로 아이의 양치질에 집착하고 있습니다. 아빠가 치과에서 본 포스터에는 이런 글귀가 적혀 있었습니다.

25

'아이의 충치는 부모의 책임입니다.'

수빈이는 원래 이 닦기를 싫어하진 않았습니다. 그런데 아빠가 어느 날부터 양치질을 잘했는지를 집요하게 확인하고 조금이라도 늦게 양치질을 하면 다그치니 양치질이 싫어지고 아빠에 대한 반발심까지 생겼습니다. 그래서 이젠 아예 "나중에 할래!"라고 말하거나, 아직 양치질을 안 했으면서 "벌써 닦았어요" 하고 거짓말을 합니다.

아빠와 딸의 입장이 이렇게 다르다 보니 저녁마다 양치질을 둘러싼 아빠와 딸의 신경전이 그치질 않았습니다.

처음에 아빠는 "이를 닦지 않으면 더 이상 간식 못 먹게 할 거야!"라는 채찍과 "이를 닦으면 놀이공원에 데리고 갈게" 식의 당근 정책을 번갈아 썼습니다. 그러나 그 방법도 효과가 떨어져서 요즘은 양치질하기 싫다며 울부짖는 수빈이를 억지로 바닥에 눕히고 양발로 아이의 양손을 제압한 다음 입을 벌려서 이를 닦아주곤 합니다.

찬호의 부모가 찬호의 폭력적인 성향에 대해 상담 차 찾아왔습니다. 찬호가 어린이집에서 다른 아이를 때리거나 물건으로 내려치는 행동을 자주 한다고 했습니다. 이런저런 얘기를 나누다 보니 이 부모 역시 상당히 강압적으로 아이의 양치질을 '관리'하고 있었습니다. 저는 아이를 억지로 붙들고 이를 닦아주는 행위를 그만두라고 조언했고, 얼마 뒤 찬호의 폭력성이 잦아들었다는 연락을 받았습니다.

찬호는 어린이집에서 왜 그랬을까요? 정확한 사정은 잘 모르겠지만, 찬호의 폭력성은 부모에게 억눌린 채 억지로 양치질을 당하는 자기를 구해달라는 신호가 아니었을까요?

가끔 이를 안 닦아도 생명이 위태롭진 않습니다

부모들은 왜 이렇게 양치질에 집착할까요?

물론 양치질을 잘해서 충치를 예방하면 좋은 일이지만, 한편으로는 양치질을 잘 안 한다고 해서 큰일이 생기는 것도 아닌데 너무 유난떠는 건 아닐까 하는 생각도 하게 됩니다. 저의 경우 어렸을 때도 그리고 커서도 양치질을 꼬박꼬박 하지는 않았지만 별일 없이 살고 있거든요.

우리 집의 네 아이들도 그렇게 키웠습니다. 아이들이 어렸을 땐 이 닦기를 좋아하는 아이도 있고, 귀찮다며 닦지 않는 아이도 있었습니다. 특히 막내는 치약 냄새는 물론이고 칫솔의 촉감을 싫어해서 초등학생이 될 때까지 제대로 이를 닦지 않았습니다. 어린이집에선 어떻게든 참고 이 닦는 시늉만 한 모양인데, 그런데도 충치는 없었습니다. 오히려 셋째는 이를 잘 닦았지만 충치가 생겼습니다.

아이들은 이를 닦지 않아도 충치에 걸리지 않는다거나, 닦기 싫다고 하면 안 닦게 해도 된다는 말을 하려는 것이 아닙니다. 양치질은 아이가 익혀야 할 습관이지만, 하기 싫다고 울부짖는 아이를 힘으로 제압하면서까지 시켜야 할 정도로 절실한 일은 아니라는 말을 하고 싶은 것입니다. 이럴 때 가장 좋은 방법은, 아이가 양치질을 안 할 경우 얻을 수 있는 이익과 손해를 따져서 더 나은 쪽을 선택하는 것이겠지요.

예방접종도 아이를 움직이지 못하게 꽉 붙들고 하는 일 중 하나입니다. 아이가 지극히도 싫어하는 일이지만, 발버둥을 칠 때 주사를 놓으면 위험한 일이 벌어질 수 있고, 주사를 놓지 않을 경우 감염병에 걸릴 수 있는 위험성을 고려하면 어떻게든 예방접종은 해야 하기 때문입니다.

그러나 양치질은 예방접종과는 조금 다릅니다. 양치질을 안 할 경우에 벌어질 일의 위험성이, 싫다는 아이에게 완력을 써야 할 정도로 크지 않습니다. 오히려 강압적으로 양치질을 시키는 과정에서 아이는 양치질에 대한 거부감을 키우고, 부모는 육아 스트레스를 받을 수 있습니다. 어느 쪽이 육아를 즐거운 과정으로 만들어주게 될지는 조금만 생각해보면 알 것입니다.

"그러다가 앞으로 계속 양치질을 안 하면 어떻게 해요?"
"남의 집 아이들은 치아 관리를 잘하는데, 우리 집 아이만 이가 썩게 방치할 순 없어요!"

물론 부모들의 이런 걱정을 잘 알고 있습니다. 하지만 양치질 습관은 당장 해결해야 하는 일도 아니고, 괴롭지만 반드시 풀어야 하는 난제도 아닙니다. 게다가 초등학생이 되면 아이 스스로 이를 닦게 돼 있습니다. 좀 더 자라 사춘기가 되고 좋아하는 이성친구가 생기면 구강청결제니 민트 껌이니 하는 각종 구강 용품을 챙기며 치아 상태에 신경을 쓸 수밖에 없고요.

그러므로 양치질이라는 습관은 아이가 자연스럽게 할 때까지 느긋하게 기다려도 괜찮습니다. 아이가 양치질을 잘 안 하면 '꼭 바로잡아야 해'라고 생각할 것이 아니라 "우리 아이는 이 닦는 걸 너무 싫어해"라고 가볍게 웃어넘기면 좋겠습니다. '홀

륭하게, 완벽하게 키우지 않으면……' 하는 마음에 쫓기다 보면 '고작 이 닦기' 하나 때문에 안달하고 고민하느라 아이도 부모도 괴로워질 수 있습니다.

아이가 자라는 과정에서 아이도 부모도 다양한 일을 겪습니다. 아이는 어떤 부분은 빠르게 성장하는 반면, 도통 자라지 않는 부분도 있습니다. 분명한 것은 아이가 겪는 이 모든 과정이 그 자체로 보물과 같은 체험이라는 사실입니다.

그러니 아이가 양치질을 안 한다며 문제 삼을 것이 아니라, 아이의 조금 더딘 성장을 지켜볼 여유가 없는 자신의 마음을 알아차리기를 바랍니다. 그래서 앞으로는 아이의 성장을 느긋하게 지켜볼 수 있기를, '아이가 지금 이 닦기를 싫어하는 것쯤은 문제도 아니야'라고 편안하게 받아들일 수 있기를 바랍니다. 그러면 집 안 풍경도 달라질 것입니다.

◆ 무심코 하는 말 ◆

"기다리라고 했지!"

◆ 자기긍정감을 키워주는 말 ◆

"정말 기대된다~"

여름이면 아이를 데리고 수영장이나 워터파크, 바닷가로 물놀이를 갑니다. 아이에게는 신나기만 한 일이지만, 부모는 아이도 챙기고 수건과 수영복, 래시가드와 물안경, 갈아입을 옷과 튜브까지 물놀이 용품을 챙기느라 분주합니다. 그래서 저처럼 덜렁대는 부모들에겐 아이와 물놀이 가는 일이 정말 긴장되는 외출입니다.

얼마 전 물놀이하러 갔던 일이 생각납니다. 번잡한 탈의실에서 수영복으로 갈아입는데, 젊은 아빠가 두 아들을 챙기느라 애쓰는 모습이 눈에 들어왔습니다. 젊은 아빠는 자기 옷도 제대로 못 갈아입은 채 세 살 정도 되는 작은아이에게 수영복을 입히더니 뒤이어 다섯 살 정도 돼 보이는 큰아이에게 수영복을 입혔습니다.

그런데 큰아이가 수영복이 작은지 아니면 그 수영복이 마음에 안 들었는지 갑자기 래시가드를 벗으려고 했습니다. 당황한 아빠가 꾸짖으며 다시 수영복을 입히려고 했지만 아이는 싫다면서 자꾸 벗으려 했습니다. 그러다 뒤집힌 래시가드가 배배 꼬여서는 아이의 머리를 휘감았습니다. 아이는 울먹이며 래시가드를 벗으려 하고 아빠는 입히려는 모습이 안타까웠습니다. 그러는 사이 아이의 가방에 넣어둔 셔츠가 삐져나와 바닥에 떨어지면서 젖고 말았습니다. 그 순간 젊은 아빠는 한숨을 푹 쉬었습니다.

놀러갈 때는 어른도 아이처럼 들떠 있습니다. 일시적으로 퇴행해 있죠. 그러다 보니 감정의 변화도 커져서 평소보다 큰 소리로 떠들거나 웃다가 갑자기 화를 내는 일도 많습니다. 그래서 혹시나 젊은 아빠가 큰아이에게 화를 내면 어쩌나 걱정이 됐습니다. 아빠 혼자 역부족이면 얼른 도움을 주고자 잠시만 지켜보기로 했습니다.

그런데 형과 아빠의 사정을 모르는 작은아이가 탈의실에서 물놀이장으로 이어지는 출구에 서서 바깥 사정을 살피더니 아빠 쪽으로 다가왔습니다. 그리고 할 말이 있는지 "아빠!" 하고 불렀습니다. 마침 젊은 아빠는 배배 꼬인 큰아이의 래시가드를 푸느라 고군분투하고 있었습니다. 이들을 지켜보던 저는 작은아이가 제발 아빠한테 "빨리 물놀이하자"고 보채지 않기만을 바랐습니다.

작은아이의 부름에 젊은 아빠가 고개를 돌렸는데, 아빠의 표정에서 '기다리고 있으랬잖아!' 하고 소리치고 싶은 마음이 보였습니다. 그런데 순식간에, 그런 아빠의 마음을 알 길 없는 작은아이가 큰 소리로 외쳤습니다.

"아빠! 재밌겠떠요! 수영장! 재밌겠떠요!"

작은아이는 너무나 귀여운 말투와 더 이상 신날 수 없다는 표정을 지으며 아빠와 형을 번갈아 쳐다봤습니다. 그런 작은아이의 모습에, 화가 났던 아빠와 혼나서 울적했던 큰아이의 얼굴에 한순간에 웃음이 번졌습니다. 저를 포함해 탈의실에 있던 사람들도 웃고 말았습니다.

아이의 표정을 생각하면 지금도 마음이 행복으로 가득 차오릅니다.

외출의 목적을 잊지 마세요

아이와 함께 외출하면 신경 쓸 일이 많고 더불어 화를 내고 싶은 순간도 생깁니다. 그렇다고 버럭 짜증이나 화를 내면 기분 좋게 시작한 외출이 불행한 외출이 되기 쉽습니다.

챙길 물건도 많고 아이는 말을 잘 듣지 않아서 감정이 훅 올라오려고 하면 이렇게 해보세요. '피곤하고 힘들 걸 예상했음에도 외출한 목적'을 얼른 되새기는 것입니다.

대부분의 부모들이 아이였을 때는 지금의 아이들처럼 놀 거리, 체험 거리가 많지 않았습니다. 여행도 자주 가지 못했지요. 그런 아쉬움을 내 아이에게 주지 않으려는 마음에 워터파크에도 데려가고 놀이공원에도 데려가는 것이지요. 우리 아이가 진심으로 '재밌겠떠요!'를 체험하게 하는 것, 아이의 웃음을 지켜주는 것이 아이와 외출을 하는 첫 번째 목적임을 잊지 않길 바랍니다.

음식을 흘리며 먹을 때

◆ 무심코 하는 말 ◆

"그렇게 하면 흘린다고 했지! 왜 이렇게 조심성이 없니?"

◆ 자기긍정감을 키워주는 말 ◆

"괜찮아, 그럴 수 있어. 닦아줄게."

식사 시간에 아이들 자리는 지저분한 것이 일상입니다. 밥풀이나 반찬 등 음식을 흘리기 일쑤고, 컵이나 수프 그릇을 손으로 밀쳐서 음식물을 엎는 일도 종종 있습니다. 네 살쯤 되면 조심성이 좋아져서 엎지르거나 흘리는 횟수가 상당히 줄어들지만, 아이마다 성장 속도가 다르다 보니 학교 갈 때가 되어도 음식을 흘리고 엎지르는 아이들이 있습니다.

아이들은 식탁 가장자리에 아슬아슬하게 컵이 놓여 있거나 팔꿈치가 닿을 듯한 자리에 그릇이 있어도 조심하지 않습니다. 매번 그런 모습을 보는 부모는 뜨거운 음식에 아이가 화상을 입을까 봐 걱정을 하는 한편, 부주의하고 조심하지 않는 아이가 이해되지 않아 혼내고 꾸중하게 됩니다.

그런데 아이들은 왜 그러는 걸까요?

아이니까 흘리는 것입니다

아이들의 이런 '부주의해 보이는' 행동에는 이유가 있습니다. 아직 공간과 몸의 움직임에 대한 정보가 부족해서 컵을 치면 바닥으로 떨어지고 그 안에 들어 있던 음식물도 쏟아질 거라는 생각을 하지 못하기 때문입니다. 또한 손을 뻗을 때 컵이나 그릇을 피할 만큼 아직 손의 움직임이 정교하지 못합니다. 초등학생쯤 돼야 공간과 몸의 움직임에 대한 정보처리 능력이 발달해 주변을 살피며 행동하게 됩니다.

그전까지는 아무리 주의를 주고 꾸중을 해도 고치기 어렵습니다. 일부러 '안' 하거나 '부주의'해서 그런 게 아니라 아직 그런 능력을 습득하지 못해서 '못' 하는 것이니까요. 어른들이 무언가를 쏟거나 엎지르는 일이 드문 것은 일부러 식사에 집중하고 주의하기 때문이 아닙니다. 이미 관련 정보를 습득해서 의식하지 않아도 자동적으로 주의가 작동하기 때문이지요.

그러니 아이의 미숙함을 꾸짖지 마세요. 아이의 미숙함을 인정하지 않은 채 버릇을 고쳐주겠다면서 흘리고 쏟을 때마다 잔소리를 하는 것은 아이의 행동을 고치기는커녕 오히려 아이를 기죽이고 자존감을 낮추는 결과를 가져옵니다. 게다가 다양한 음식을 먹어보고 싶은 마음과 뭐든 적극적으로 해보고 싶은 마음까지 접게 만듭니다. 그러니 애초에 그런 위치에 컵이나 밥그릇을 둔 어른의 실수라고 인정하고 컵이나 밥그릇을 안전한 자리로 옮긴 뒤 마음 편히 식사하는 것이 가장 현명한 대응법입니다.

이런 말을 할 때마다 부모들이 하는 질문이 있습니다.

"주의를 주지 않으면 음식물을 쏟아도 된다고 생각하지 않을까요?"

"그러다 음식물을 쏟으면 아이가 위험해질 수 있잖아요."

"음식을 흘려도 화내지 않으면 식사 예절이 부족한 아이가 되지 않을까요?"

하지만 걱정할 필요가 없습니다. 어른들의 눈에는 아이들이 생각 없이 막무가내로 행동하는 것 같고 주변을 살피지 않는 것처럼 보이지만, 사실 아이들도 제대로 해내고 싶어 하거든요. 컵을 쏟고 싶지 않다는 생각도 하고, 흘리지 않고 엄마 아빠처럼 깔끔하게 먹고 싶다는 생각도 합니다. 그래서 식사를 하다가 음식을 흘리거나 쏟으면 아이들은 많이 속상해합니다. 그 마음이 부모에게 전해지지 않을 뿐이지요.

앞에서도 얘기했듯 아이들은 꾸짖어도 혼내도 엎지르고 흘립니다. 그러니 시간이 걸리더라도 아이가 공간을 고려해 몸의 움직임을 스스로 조절할 수 있을 때까지 기다려주는 것이 부모도 아이도 마음의 부담을 더는 방법입니다.

부모의 꾸중으로 낮아진 아이의 자존감과 적극성을 회복하는 일은 상을 차리거나 설거지를 하는 데 드는 노력과는 비교도 되지 않을 만큼 매우 힘든 일이며 많은 시간이 걸리는 일입니다. 이 사실을, 식탁에서 아이에게 잔소리를 하고 싶어질 때마다 떠올리기 바랍니다.

부모의 애정 어린 선행을 아이들은 잊지 않습니다

음식을 흘리는 것과 비슷한 행동이 '자다가 오줌 싸기'입니다. 자라는 과정에서 누구든 겪어봄직한 일이지요. 어렸을 적, 자다가 오줌을 쌌을 때 당신은 어땠나요? 저는 너무 당황해서 무조건 엄마를 찾았던 것 같습니다. 무슨 일이 벌어진 건지 설명해주고 놀란 마음을 안정시켜줄 거란 기대감을 가지고요. 그런데 제 부모뿐 아니라 요즘 부모들도 안 그러던 아이가 어느 날부터 자다가 오줌을 싸면 당황하고 짜증을 내기도 합니다. 그리고 "자기 전에 물을 너무 많이 마셔서 그래!"라든가 "화장실 다녀온 뒤에 자라고 했잖아!"라고 책망합니다. 하지만 이런 태도는 아이의 오줌 싸는 습관을 고치는 데 아무런 도움이 되지 않습니다.

아이가 자다가 오줌을 쌌다면 "괜찮아, 그럴 수 있어"라고 자상하게 말해준 다음 아무 일도 아니라는 듯 젖은 이불을 정리해주는 것이 가장 좋습니다. 아이가 부주의해서 오줌을 싼 게 아니기 때문입니다. 배설의 느낌을 알아채고 화장실에 가는 것도 아이가 자라면서 배워나가는 일 중의 하나입니다. 그 사실을 인정하고, 장황하게 잔소리를 하는 대신 자상하게 잠자리를 다시 정리해준다면 아이는 부모의 애정을 느끼면서 '엄마 아빠는 언제나 나를 사랑하신다'는 신뢰를 쌓아갑니다.

아이가 아무리 어려도 부모에게 받은 애정은 느끼고 기억합니다. '이불에 오줌 쌌을 때 꾸짖지 않고 정리해주셨다'라고 언어로 명확히 표현하지는 못하지만 그 상황에 대한 이미지, 예를 들면 한밤중의 침실 광경, 소변이 묻어 차가운 옷과 시트의 촉감과 냄새, 부모의 태도와 말투, 안도감 혹은 불안감 같은 기분과 감정을 막연히 기억합니다. 그리고 언젠가 부모가 되었을 때 자기 아이가 똑같이 밤에 실수하면 무의식적으로 그 풍경을 떠올리게 될지 모릅니다.

만약 부모 중 한 명이 피곤해서 자상하게 처리해줄 여유가 없다면 다른 한 명이 해주면 됩니다. 자다가 오줌 싼 이불을 정리하는 것은 누구든 귀찮고 짜증나는 일이지만, 이런 상황에서 꾸중하지 않고 애정으로 감싸는 것은 아이의 미래에 행복을 더하는 일이라고 생각하면 좋겠습니다.

자기 맘대로 하겠다고 떼쓸 때

◆ 무심코 하는 생각 ◆
'이런 떼를 받아줘도 괜찮을까?'

◆ 자기긍정감을 키워주는 생각 ◆
'자기 맘대로 안 된다고 우는 것도 지금뿐이야.'

마트에서 장을 보다 보면 큰 소리로 우는 두세 살짜리 아이와 그 옆에서 화를 내며 난처해하는 부모들을 종종 봅니다. 얼마 전에도 비슷한 장면을 봤습니다.

마트 계산대에서 차례를 기다리는데 바로 앞에 세 살쯤 된 여자아이와 엄마가 서 있었습니다. 그 아이는 과자봉지를 들고 있었습니다. 계산을 마치면 직접 들고 갈 모양새였습니다.

그들의 순서가 되자 엄마는 아이의 과자봉지를 가져가더니 다른 물건들과 함께 계산대에 올렸습니다. 계산원은 하나씩 바코드를 찍어가며 계산을 했고, 계산을 마친 뒤에는 웃으면서 "여기요" 하고 과자봉지를 아이에게 건넸습니다. 그런데 아이가 울먹거리더니 갑자기 울음을 터뜨렸습니다. 발까지 동동 구르며 "내가, 내가!" 하면서요. 아마도 과자 계산은 엄마 손이 아닌 자기 손으로 직접 하고 싶었던 것 같았습니다. 엄마는 달랬다가 혼을 냈다가 했지만 마트를 나서면서도 아이의 "내가! 내가!" 하는 외침과 울음은 그치지 않았습니다.

어른의 시선으로는 과자를 엄마가 대신 계산한 게 그렇게까지 억울하게 울 일인지 이해가 안 될 수 있습니다. 그런데 예전의 기억을 더듬어보면 지금의 나도 어렸을 때 비슷한 경험이 있었을 것입니다. 그때의 마음과 감정을 이미 잊어버려 아이의 행동이 이해 안 되는 것이겠지요.

아이가 원하는 게 있을 거예요

그 여자아이가 그렇게 억울하게 운 것은 자신이 생각한 대로 되지 않았기 때문입니다. 생각한 대로 되지 않을 때 아이들이 느끼는 충격과 슬픔은 말도 못 하게 큽니다. 그리고 원하는 대로 해주지 않은 부모에 대한 분노가 엄청나게 일어납니다. 그래서 말도 안 되게 떼를 부리지요. 이럴 때 부모들의 반응은 비슷합니다. 어르고 달래다가 꾸짖거나, 무서운 표정을 짓거나, 혹은 얼음처럼 무표정하게 서 있습니다. 결코 긍정적인 반응은 보이지 않습니다.

저 역시 아이들을 키우면서 비슷한 일을 자주 겪었습니다. 그럴 때마다 저는 아이를 혼내기보다 부모인 제 자신의 기분을 바꾸려고 노력했습니다. 제 방법은 간단합니다. 울고 떼쓰는 아이의 슬픔에 공감하면서 미안하다고 말하는 것입니다. "미안하다고 말하라니, 뭐든지 아이가 원하는 대로 해주라는 건가요?"라고 항의하는 분들이 있는데, 여기에서 '미안하다'는 아이가 원하는 것을 미리 알아차리지 못해서 미안하다는 뜻입니다. 그렇게 하면 결과적으로 부모는 화를 내지 않아서 좋고, 아이는 울음을 그치고 웃을 수 있습니다.

부모 입장에서 보면 아이가 괜한 일로 떼쓰는 것 같지만 다 이유가 있습니다. 아직 세상의 이치를 모르는 아이는 자신의 요구가 세상의 전부라고 생각합니다. 그런데 그걸 부모가 몰라주니 하늘이 무너지는 것 같은 충격을 받는 것입니다. 즉 일부러 부모를 난처하게 하려고 떼를 쓰는 게 아닙니다. 그저 세상일이 자기 뜻대로 안 되는 현실을 인지하고 그 충격을 표현하는 것입니다. 이 과정은 성장하면서 겪게 되는 중요한 단계입니다.

그런 의미에서 아이가 떼를 쓰는 건 바로잡아야 할 난처한 상황이 아니라 아이가 현실을 받아들이는 과정이며, 부모 입장에서는 육아를 통해 얻게 되는 즐거운 발견일 수 있습니다.

부모가 이런 성장 과정을 이해하지 못하면 '고집부리거나 폭력 쓰는 걸 허락해선 안 된다'는, 강압적인 부모 역할이 고개를 듭니다. 그렇게 되지 않도록 '이 아이는 자기 뜻대로 안 되는 현실을 배우고 있구나' 하는 연민을 가지고 아이를 대해야 합니다.

이런 경험은 이때뿐이에요

아이가 떼쓰는 일은 마트에서뿐만 아니라 일상에서도 자주 있습니다. 어린이집에 가야 할 시간인데 채 마르지 않은 티셔츠를 꼭 입어야 한다고 떼를 부리고, 필요하지 않은 물건을 사겠다고 바닥에 주저앉기도 합니다. 그럴 때 꾸짖지 않으면 뜻대로 안 될 때마다 매번 떼쓰게 될까 봐 걱정되고, 우는 소리가 시끄럽다고 비난하는 사람들이 있을까 봐 눈치도 보일 것입니다.

하지만, 그런 상황일수록 아이마다 성장 속도가 다르다는 사실을 인정하고 화나 흥분을 가라앉혀야 합니다. 그런 뒤 아이와 마주앉아 "힘들었지?", "안됐다"라고 공감해주면서 아이가 성장해갈 모습을 머릿속으로 그려봅니다. 이때 천천히 호흡을 하면서 '언젠가는 이런 날을 그리워할 때가 올 거야'라고 되새기면 조금은 마음에 여유가 생깁니다.

울고 있는 아이는 오로지 부모만 바라보지만, 그 순간이 지나면 언제 그랬냐는 듯 부모 이외의 대상으로 관심의 초점이 옮겨집니다. 아이를 속속들이 알고 아이가 "아빠", "엄마" 하며 따라다니는 지금을 그리워할 날이 금방 옵니다. 그러니 지금 아이와 함께하는 시간을 부디 소중히 여기길 바랍니다. 아이가 '현실의 냉혹함'에 부딪혀 큰 소리로 울 때야말로 부모로서 애정을 쏟을 기회라고 생각하고, 아이의 성장 과정을 행복한 시선으로 바라볼 수 있기를 바랍니다.

비장한 육아 해법서보다
마음 편해지는 육아서

세 살짜리 딸을 둔 젊은 아빠가 서점에 들렀습니다. 딸과 함께 읽을 그림책을 고른 뒤에 그 옆의 육아서 코너를 살펴보는데 매대에 놓인 책들의 제목과 띠지 문구, 표지 사진에 압도되었다고 합니다.

"깜짝 놀랐어요. 육아서인데 마치 경제경영서 같았어요. 아니, 그 이상입니다. 부모를 채찍질하는 듯한 문구는 기본이고, 두꺼운 고딕체로 '최고', '최강', '머리가 좋아지는' 같은 문구가 표지를 가득 채우고 있더군요. 솔직히 그 책들을 보면서 숨이 막혔습니다."

그의 말에 저 역시 깊이 공감합니다. '세계적인 수준의', 'IQ를 높이는' 같은 강렬하고 위압적인 문장에는 '그런 방법으로 부모가 아이를 이끌어주지 않으면 아이의 수준을 끌어올릴 수 없다'는 의미가 숨어 있을 겁니다. 그 문구를 본 부모들은 '내 아이의 IQ를 높이고 세계적인 수준으로 키우면 어른이 되어서 성공하고 행복해질 수 있을 것'이라고 기대하며 책을 읽겠지요.

아이를 키우는 건 사실 불안한 일입니다

육아서가 이렇게 비장한 문구들로 채워진 데는 부모들이 육아를 하며 느끼는 불안감과 관련이 있습니다. 부모가 되면 신경 쓰이는 일이 한두 가지가 아닙니다. 공부 말고는 신경쓸 일이 없을 것 같은데, 사실 공부는 육아에서 아주 작은 부분이지요. 감성과 예술 감각을 키워주는 것, 영양이 골고루 들어간 식사를 제공해서 건강하게 쑥쑥 자라게 하는 것, 균형 잡힌 두뇌 발달로 무엇이든 잘하게 하는 것도 신경 써야 합니다. 그러니 부모들이 압박감과 불안을 느끼는 건 당연합니다.

그러나 압도적인 문장과 비장한 내용으로 무장한 육아서들은 부모들이 겪는 압박감과 불안한 마음을 해소해주지 못합니다. 오히려 책에 적혀 있는 대로 해주지 않으면 내 아이가 행복해질 수 없을 것 같고, 아이에게 '(책에서 말하는) 좋은 환경'을 제공해줄 수 없는 나는 나쁜 부모가 아닐까 하는 불안감만 더 키우지요.

그래서 저는 부모들에게 육아를 즐기라고 제안하는 것입니다. 이 세상엔 '이렇게 해야 훌륭한 아이로 키울 수 있다'는 방법들이 넘쳐나지만, 그런 얘기에 솔깃할 필요가 없다고 경험자이자 전문가로서 당당히 말하고 싶습니다.

어떻게 키우는 것이 아이의 행복을 보장해주느냐에 대해서는 '과학적으로 완벽히' 검증된 것이 없습니다. 고작해야 '매일같이 부모가 싸우는 모습을 보고 자란 아이들은 그렇지 않은 아이들보다 정서적으로 불안정하다'처럼 특정 환경이 아이의 성장에 어떤 영향을 미치는지 정도만 밝혀졌지요.

그러니 비장한 육아서들에 적힌 대로 공부를 시키거나 운동신경을 키워주려고 아이에게 정색하고 달려들지 않아도 됩니다. 어떻게 하면 아이를 웃게 할까, 어떻게 하면 기쁘게 해줄까만 생각하며 여유를 가지고 육아를 즐겨도 됩니다. 그런 부모의 모습에서 아이는 애정과 행복을 느끼고 '부모는 내가 어떤 아이이든 나를 사랑한다'는 신뢰를 쌓을 것입니다.

이 책에는 육아서와 같이 '읽기만 하면 그대로 실천할 수 있는 방법'이나, '금세 아이가 달라지는 육아법' 같은 강력한 해결책은 없습니다. 그렇지만 뇌와 마음의 전문가라는 사람이 마음 편히 육아를 한 비결이 담겨 있으니 육아를 하면서 불안해지거나 막다른 길에 서 있는 것 같을 때 읽으면 조금이라도 마음이 편해질 것입니다.

Part 2

아이의
자기표현력을
키워주는 말

부모 눈엔 막무가내 고집불통 같아도 아이 입장에선 용기를 내서 자기주장을 하는 것일 수 있습니다. 자기주장은 고집이나 떼와 다릅니다. 자기의 의견이나 생각이 있어야 할 수 있고, 타인을 설득할 수도 있습니다. 이 시기에 아이는 아직 서툴지만 자기주장을 하는 방법을 배우기 시작합니다. 이 장에서는 자기주장이 선명해지는 아이를 대견하게 바라보고 아이의 성장을 독려할 수 있는 말들을 소개합니다. 성장의 속도는 아이마다 다르니 발달이 느리더라도 연연하지 않으면 좋겠습니다.

채소를 먹기 싫어할 때

◆ 무심코 하는 말 ◆
"채소도 먹자. 건강에 좋아."

◆ 자기표현력을 키워주는 말 ◆
"흐음, 채소 먹는 게 힘들구나."

아이가 편식을 하면 부모는 큰 숙제 하나를 떠안은 것 같습니다. 아이가 무엇을 좋아하고 싫어하는지를 인정해야 하지만, 편식은 건강과도 직결되는 문제라 어떻게 해서든 고쳐주고 싶습니다. 그래서 조리법을 바꿔도 보고, 아이가 좋아하는 재료에 아이에게 먹여야 하는 재료를 은근슬쩍 섞기도 하지만 아이는 용케도 자기가 싫어하는 재료를 찾아냅니다.

편식 습관은 학교에 가서도 고치기 힘듭니다. 초등학교 선생님에게 들었는데, 급식 시간에 "음식을 남기면 놀 수 없어!"라고 강하게 말하지 않으면 싫어하는 음식을 남기는 아이들이 태반이라고 합니다.

그런데 편식 습관을 꼭 당장 고쳐야 할까요? 아이가 먹기 힘들어하는 음식을 억지로 먹이는 것은 득보다 실이 크다고 생각하는데, 당신은 어떻게 생각하나요? 음식에 대한 선호도는 자연스럽게 변화할 수 있으니 아이 스스로 '한번 먹어볼까' 하는 마음이 생겨서 도전할 때까지 기다리는 건 어떨까요? 음식을 먹는 것은 인간의 기본 욕구 중 하나이자 활동에 필요한 영양을 섭취하는 수단입니다. 여기에 가족이나 친구들과 함께하는 시간이자 살아가는 힘이 되는, 인생에서 무척 중요한 요소도 되지요. 그런 점에서 편식을 고쳐주겠다며 먹기 싫어하는 음식을 먹으라고 강요하는 건 아이에게서 식사의 여러 가지 즐거움을 빼앗는 것과 같습니다.

집에서만큼은 즐겁게 식사하게 해주세요

아이가 편식을 하고 어린이집에서 친구와 잘 지내지 못한다며 채영이 아빠가 상담을 해왔습니다. 채영이는 조금이라도 채소를 먹으면 토를 할 정도로 채소를 싫어한다고 했습니다. 채소를 싫어하는 건 아이들의 공통점이긴 하지만 채영이는 싫어하는 정도가 다른 아이들보다 심했습니다. 채영이 아빠는 이러다 채영이가 나약하고 병약한 어른으로 자랄까 봐 걱정하고 있었습니다.

'뭐든지 먹을 수 있어야 살아가는 힘도 강해질 텐데.'
'고기만 먹으면 비만이 되거나 병에 걸리기 쉬울 텐데.'
'채소를 먹지 않으면 어른이 돼서 고혈압이나 당뇨병에 걸릴 텐데.'

하지만 채영이는 초등학생이 되고 나서 완전히 달라졌습니다. 부모가 왜 걱정했나 싶을 정도로 매일 건강하고 즐겁게 학교에 다녔습니다.

급식이 시작되고 얼마 후 채영이가 아빠에게 이렇게 말했습니다.

"아빠, 어제 급식은 먹기가 너무 힘들었어! 반찬으로 검은콩이 나왔거든. 고민하다가 혀로 세 번쯤 맛을 본 다음에 꿀꺽 삼켰어."

"뭐? 콩을 먹었어? 네가 원래 콩을 먹었었나?"

아빠가 무심코 물었습니다.

"어제 디저트가 파인애플이었거든. 그래서 열심히 먹었지."

파인애플은 채영이가 무척 좋아하는 과일입니다.

"그럼 파인애플만 먹으면 되잖니? 집에선 그렇게 하잖아."

그 말을 하는 아빠에게 채영이는 '하여간 어른들은 어쩔 수 없다니까' 하는 표정으로 어깨를 곧추세우면서 말했습니다.

"있잖아, 아빠. 학교에는 규칙이란 게 있어. 디저트를 먹기 전에 반찬을 전부 먹어야 한다고! 집에서는 싫어하는 건 안 먹어도 되잖아? 하지만 학교에선 그러면 안 돼. 규칙이니까. 아빤 그것도 몰라?"

채영이는 득의양양한 표정을 지었지만, 아빠는 싫어하는 콩을 먹으려 노력하는 아이의 모습이 상상되어 애처로웠습니다. 한편으로는 나름대로 방법을 찾아가며 규칙을 스스로 지킨 아이가 대견했습니다.

그리고 채영이 아빠는 결심했습니다. "학교에서 먹을 수 있으면 집에서도 먹을 수 있어"라는 말로 아이를 채근하지 말아야겠다고요. 영양의 균형을 챙기는 일은 당분간 학교 급식에 맡기고, 집에선 즐겁게 식사를 하면서 마음의 영양을 챙겨주기로 마음먹은 겁니다.

채영이의 말을 들어보면, 아이들에게 학교라는 세계는 사회의 일원으로 성장해가는 소중한 공간이며 급식은 영양 섭취 이상의 의미가 있음을 알 수 있습니다. 그러니 "우리 아이는 채소를 싫어하니까 남기더라도 조금만 봐주세요"라고 학교에 얘기할 필요도 없고(알레르기를 일으키는 음식은 알려야 합니다), 편식 습관을 '반드시 해결해야 하는 문제행동'이라고 여기기보다 '채영이는 채소를 싫어하는구나. 흠, 흥미롭네'의 관점으로 바라보면 좋겠습니다. 제 경험상 집에서 편식을 하더라도 아이는 씩씩하고 건강하게 자랍니다.

채소 대신 과일을 먹어도 됩니다

끝으로, 채소를 혐오하는 아이에겐 채소 대신 과일을 먹이는 것도 괜찮은 방법입니다. 비타민, 미네랄 등 영양 성분은 차이가 있지만 과일을 먹는다면 싫어하는 채소를 굳이 먹이지 않아도 영양이 부족해지는 일은 생기지 않습니다(과즙 100퍼센트 주스는 과일이라고 할 수 없습니다). 채소를 먹이지 않아도 된다는 말이 아닙니다. 맛있는 채소 요리를 먹지 못하는 건 안타까운 일이지만, 만약 아이가 채소를 너무 싫어해서 먹기를 거부한다면 과일로 어느 정도 보충할 수 있다는 뜻입니다.

우리 집 아이들도 채소 먹는 걸 힘들어했지만 억지로 먹이지 않았습니다. 그런데 중학생이 될 때까지 채소를 입에도 안 댔던 아이들이 신기하게도 이렇다 할 병치레 없이 건강하게 자랐습니다. 그리고 어른이 된 지금은 아이들 모두 채소를 즐겨 먹습니다.

어릴 때부터
영어를 가르쳐야 할까?

저는 대학원에서 인지심리학을 전공하면서 뇌의 작용 중 기억 과정과 언어 표현 과정, 타인의 마음을 알아가는 과정 등에 대해 연구했습니다. 제 아내는 산부인과 의사입니다. 둘다 의학 지식과 뇌에 대한 지식은 풍부하지만 정작 우리 아이들을 어떻게 키워야 할지에 대해서는 엄청 불안해했습니다. 전문 지식이 있든 없든 육아가 불안한 것은 어느 부모나 마찬가지인 것 같습니다.

저는 아이를 키우다 보면 심리학 지식이 늘어나고 연구에도 도움이 될 거라 생각했습니다. 그렇게 얘기해준 선배도 많았고요. 그런데 큰아들이 태어나고 나날이 자라는 모습을 지켜보면서 생각이 바뀌었습니다. 심리학과 의학 지식은 아이가 행복하게 자라기 위한 하나의 수단이나 방법일 뿐이며, 지식이나 연구보다 육아 자체가 훨씬 중요하고도 즐거운 경험이라는 사실을 깨달았거든요. '육아를 하지 않으면'이 아니라, '육아를 하고 싶다. 그러는 게 좋다'라고 강렬히 느꼈습니다.

육아를 하며 많은 부모가 신경을 쓰는 것 중 하나가 영어 교육입니다. 저도 큰아들이 어렸을 땐 '어떻게 하면 이 아이를 똑똑하게 키울 수 있을까'를 고민했습니다. 학교 성적도 좋고, 2개 국어를 할 줄 알고, 운동도 잘하는 '우등생'의 이미지를 떠올리면서요. 그래서 큰아들이 생후 5개월에서 두 살 반 정도 될 때까지는 영국인 대학생을 베이비시터로 고용해서 일상에서 영어를 접할 수 있게 했습니다. 그런데 두 살이 되기 전부터 큰아들은 어른들이 영어로 말을 걸면 "똑바로 말해!"라고 지적했습니다. 아들이 말한 '똑바로'란 '영어가 아니라 우리나라 말'을 뜻했어요. 어른과 대화를 하고 싶은데 영어로 하면 제대로 대화할 수 없으니 '우리가 잘 아는 언어로 말하자'고 요구한 겁니다.

영어 실력보다 대화 능력이 중요합니다

저는 그런 큰아들의 행동이 대견했습니다. 그리고 언어 교육의 의미를 다시 생각했습니다. 즉 영어 발음이 좋아진다거나, L과 R 소리를 구분하게 된다거나, 일상적인 대화를 영어로 말할 수 있게 되는 것이 언어 교육이 아니라 대화하는 것이 더 중요한 언어 교육임을 깨우쳤습니다.

예전에 공동 연구를 했던 오쓰 유키오 선생의 말이 생각납니다. 그는 일본 언어 연구의 1인자로, 초등학교 때부터 영어를 가르치는 것에 반대했습니다. 그 이유로, 언어의 근간은 국어든 영어든 공통된 부분이 크기 때문에 우선 모국어를 익혀서 '언어능력'을 키워주어야 한다고 했습니다. 모국어로 언어능력을 키우고 나면 다른 언어를 늦게 배우더라도 확실하게 배울 수 있다는 것을 뇌의 구조와 인지심리학 연구를 통해 확신했기 때문입니다.

동생이 태어나면서 고집이 세졌을 때

◆ 무심코 하는 말 ◆

"아기 우니까 잠깐 기다려!"

◆ 자기표현력을 키워주는 말 ◆

"네가 태어나서 엄마 아빠는 무척 행복했단다."

아이 입장에서 동생이 태어나는 건 아주 기쁘고 설레는 일이지만, 그와 동시에 부모의 사랑, 특히 엄마의 사랑을 더 이상 독점할 수 없다는 현실을 깨닫는 경험이기도 합니다. 상황 파악이 빠른 아이는 엄마 배가 불러오기 시작할 때부터 이미 불안해합니다.

실제로 둘째가 태어나면 부모는 신생아를 돌보느라 큰아이를 그전만큼 돌보지 못합니다. 그러면 종종 큰아이들은 아기처럼 행동합니다. 이때의 아기 같은 행동은 '나에겐 지금 엄마 아빠의 사랑이 필요해요'라는 건전한 SOS 신호입니다. 아직은 말로 제대로 전달하지 못하니 행동으로 보여주는 것입니다. 어떤 아이들은 바빠 보이는 부모를 힘들게 하고 싶지 않고 좋은 언니나 오빠가 되고 싶은 마음에 어리광부리고 싶은 마음을 꾹 참다가 갑자기 아기처럼 행동해 부모를 당황시킵니다. 이때의 행동은 부모에게 사랑받고 싶다는 바람이 자연스럽게 표출된 것으로 볼 수 있습니다.

하지만 피곤하고 바쁜 부모는 이런 아이의 신호에 호응하지 못할 때가 많습니다. 특히 수유기에는 잠을 충분히 잘 수 없어서 만성피로에 시달리기 때문에 큰아이의 어리광을 충분히 받아주기보다 "말 잘 듣다가 갑자기 왜 그러니?"라고 화를 내게 됩니다. 더 나아가 '어리광을 다 받아주면 버릇이 나빠질지 몰라' 하며 큰아이의 행동에 예민해지고 더 냉정하게 반응할 수 있는데, 아이가 그렇게 행동할수록 '아기처럼 구는 건 자신을 봐달라는 신호'임을 떠올려야 합니다. 그러면 큰아이의 행동이 이해되면서 마음의 여유를 찾을 수 있습니다.

어리광을 맘껏 부릴 수 없어 아기처럼 행동하는 식으로 사랑을 요구하는 아이는 부모의 마음을 잘 아는 착한 아이입니다. 그러니 어른스러워지라고 다그치지 말고 자상하게 대해주세요.

"네가 있어서 행복하단다."
"네가 태어났을 때 엄마랑 아빠는 무척 행복했단다."

이런 말을 해주세요. 큰아이가 원하는 건 부모의 사랑이 느껴지는 말과 따뜻한 스킨십입니다.

큰아이도 아직 어린아이랍니다

초등학교 3학년 지우의 엄마가 상담을 하러 왔습니다. 지우 엄마의 말에 의하면, 지우는 학교 숙제를 못 하면 울면서 소리를 질렀습니다. "프린트물이 없어졌어"라고 말하며 계속 찾아달라고 떼를 쓰다 결국 엄마를 때리거나 물건을 집어던지는 등 심하게 울분을 표출했습니다. 지우에겐 세 살짜리 남동생이 있습니다. 지우가 처음부터 이랬던 건 아닙니다. 이렇게 행동하기 전까진 무척 다정한 누나였습니다.

지우처럼 격렬하게 분노하거나 갑자기 화를 터트리는 것은 아기로 돌아간, 즉 퇴행의 전형적인 모습입니다. 지우의 경우 퇴행이 나타난 시기가 상당히 늦은 편이지만, 이유가 있어 보였습니다. 상담 끝에 지우가 어리광을 부리는 건 나쁜 일이 아니며, 부모가 어리광을 받아주면 지우 스스로 지금의 문제를 극복할 것이라고 알려드렸습니다.

지우의 엄마는 그날부터 지우를 다정하게 대했습니다. 그러자 지우의 어리광이 더욱 늘어났습니다. 이를 닦을 때도 옷을 갈아입을 때도 "엄마~ 양치해주떼요!"라고 혀 꼬인 소리로 부탁했습니다. 아침에 일어나면 "안아줘~"라며 엄마 옆에 꼭 붙어 있어서 엄마가 그대로 식탁 앞까지 업어서 데려다주기도 했습니다. 옷을 갈아입을 땐 혼자 입으라고 하면 울음을 터트리거나 "엄마가 해!"라며 화를 냈습니다. 좋아하는 것만 먹으려는 편식도 나타났습니다.

일주일 뒤, 상담실을 찾은 지우 엄마가 물었습니다.

"정말 이렇게 놔둬도 괜찮을까요?"

그 물음에 저는 "나아질 겁니다. 다만 '나아진다'는 것은 다시 예전처럼 말 잘 듣는 착한 아이로 되돌아간다는 뜻이 아니라, 아이 본연의 모습을 되찾는다는 의미입니다'라고 말씀드렸습니다. 지우는 부모가 남동생을 보살피는 모습을 보면서 정작 자신은 어리광을 맘껏 부리지 못했다는 사실을 알게 됐을지 모릅니다. 물론 지우 자신은 의식하지 못했지만요.

어리광이 분노로 표출되는 경우도 있습니다. 뭐든 생각대로 되지 않으면 '왜 엄마는 내가 생각한 대로 해주지 않는 거야!'라는 분노가 올라옵니다. 이때 부리는 어리광은 부모에 대한 신뢰나 기대감의 표현입니다.

그래서 부모가 아이의 어리광을 받아주는 것이 아이가 앞으로 이 세상을 살아가는 데 무척 중요합니다. '뭐든 원하는 대로 하고 싶다. 그걸 엄마가 수용해준다'는 느낌은 세상과 사람들에 대한 신뢰의 근간이 되어 '나는 이 세상에서 살아가도 된다', '이 세상은 안전한 곳이다'라는 확신을 갖게 합니다.

퇴행한 아이는 아기처럼 보살핌을 받거나 생각대로 안 된다고 울부짖고 화를 내도 거부당하지 않는다는 것을 체험해야 합니다. 그래야 '지금 나의 모습 그대로 충분하다'라는 확신을 얻습니다. 가르쳐줘서 배우는 게 아니라 몸소 느껴야 하지요.

상담을 진행하다 보니 지우의 엄마 역시 비슷한 기억이 있었습니다. 어릴 때부터 엄마를 도와 남동생의 옷을 갈아입히거나 식사 준비를 도왔는데, 정작 부모님은 소리 지르며 싸우는 일이 잦았습니다. 그래서 지우 엄마는 '내가 엄마를 도와주지 않으면……'이라는 생각을 항상 하며 자랐습니다. 이렇게 얘기를 듣고 나니, 어린 시절의 지우 엄마가 부리지 못한 응석을 지우가 대신 부리는 것 같다는 생각이 들었습니다.

이와 같은 사례는 많습니다. 만약 아이가 응석 부릴 때마다 예전의 내가 생각나 기분이 묘해진다면, '아이의 이런 행동은 어쩌면 내가 부모에게 응석 부리지 못해 맺힌 마음의 응어리를 대신 풀어주는 건지 모른다'는 마음으로 떼쓰는 아이와 마주할 것을 제안합니다. 지금의 나는 부모로서 아이의 응석을 보고 있지만, 어쩌면 어린 시절의 내가 아이의 모습으로 나타나서는 응석 부리지 못해 생긴 서운한 감정을 부모에게 표출하는 것이라고 생각하는 겁니다. 그리고 그 시절 외롭고 힘들었던 자신을 대하듯 최대한 다정하게 아이를 대한다면 내 안에 어떤 감정이 올라올 것입니다. 만약 자녀가 퇴행 행동을 보인다면 꼭 확인해 보기 바랍니다.

음식을 흘리거나 쏟지 않고 다 먹었을 때

◆ 무심코 하는 말 ◆

"잘했어. 멋지다!"

◆ 자기표현력을 키워주는 말 ◆

"맛있었어?"

우리 사회에는 칭찬을 맹신하는 경향이 있습니다. 어른이건 아이건 칭찬을 많이 해줘야 자존감이 높아지고 자신 있게 세상을 살아갈 수 있다고 믿습니다. 하지만 칭찬이 오히려 문제의 원인이 되는 경우도 있습니다. 그 이유는 칭찬이 충고와 비슷한 부분이 있기 때문입니다.

많은 부모가 칭찬을 수용이라 생각하는데, 사실 칭찬은 '그거 괜찮네'라는 '평가'입니다. '그게 아니면 좋지 않다'는 뜻도

담겨 있지요. 있는 그대로를 받아들이는 것이 아니라 '이렇게 하면 받아들이겠다'는 마음처럼 느낄 수 있다는 겁니다. 그래서 "이 글씨는 예쁘다! 좋다!"라는 칭찬은 아이에게 '이렇게 쓰지 않은 글씨는 좋지 않다'로 받아들여질 수 있습니다.

주변 사람들의 시선에 예민한 아이들이 있습니다. 특히 어른의 눈치를 많이 살피는 아이는 칭찬받는 행동만 하려고 합니다. 부모가 정한 기준에 맞춰 행동해서 칭찬을 들으면 기분이 좋아지니 자꾸 그렇게 하는 것인데, 부모의 칭찬에 의해 행동하다 보면 아이는 정말 자신이 원하는 것과 부모에게 칭찬받기 위해 하는 행동을 구분할 수 없게 됩니다. 나중에 아이가 어른이 되어서도 자기가 원하는 것이 무엇인지 모른 채 주변의 시선으로 자신을 평가하며 살아갈 수도 있습니다.

칭찬하지 말고 대등하게 대해주세요

사실 아이들은 어른이 칭찬해주지 않아도 스스로 열매를 수확하고 자신이 그 열매에 만족하는지 안 하는지 맛을 볼 줄 압니다. 어렸을 때의 나를 떠올려보세요. 무언가에 푹 빠져 있는 상황에서는 부모든 선생님이든 칭찬을 해주지 않아도 뿌듯하고 신이 납니다. 그러다 어른의 칭찬이 필요할 땐 부모에게 관심을 가져달라는 신호를 보냅니다. "엄마 아빠, 여기 봐요, 봐요!"라며 시끄럽게 떠드는 때가 그런 경우입니다. 만약 내 아이가 나를 애타게 부른다면 과도하게 반응하기보다는 "응, 봤어" 정도의 대꾸를 해주면 됩니다. 관심 있게 보고 있다는 걸 알려주는 것이지요. 부모의 관심을 요구하지 않는데도 아이에게 관심을 표현하려고 애쓸 필요는 없습니다.

우리 집 셋째가 세 살 때였습니다. 온 가족이 저녁밥으로 카레를 먹고 있었습니다. 첫째와 둘째는 먼저 밥을 다 먹고 놀고 있었고, 셋째는 숟가락으로 먹는데 마지막에 그릇 가장자리에 밥이 조금 남았습니다. 그걸 그냥 숟가락으로 뜨면 틀림없이 흘리거나 그릇을 엎을 것 같았습니다. 아슬아슬한 마음으로 지켜보는데, 세상에나! 셋째가 순식간에 개처럼 혀로 그릇에 남은 밥을 핥아 먹었습니다!

그 모습을 본 둘째가 "대단하다~ 쏟지 않고 먹었네!"라고 말하자 셋째가 "칭찬 안 해도 돼!"라며 화를 냈습니다. 셋째는 애초에 그렇게 먹고 싶지 않았던 것입니다. 셋째의 눈은 '아빠나 형들은 이런 식으로 안 먹잖아! 나는 어쩔 수 없었어! 괜찮다고 생각 안 한단 말이야!'라고 말하고 있었습니다.

이런 상황에서 부모는 어떻게 하면 좋을까요? 아이의 행동에 대해 아무 말도 하지 않거나, 아이의 행동과는 상관없이 "맛있었어?"라고 물어보는 게 낫지 않을까요? 칭찬이라는 형식으로 아이의 행동을 평가하기보다는 아이와 대등한 마음으로 말을 거는 겁니다. 그렇게 할 때 아이도 자신의 마음을 솔직히 터놓고 말하기 쉬워집니다.

아이가 '솔직히 내 마음을 말하고 싶다'고 생각할 수 있는 방향으로 아이와 마주해야 합니다. 부모와 대등하게 얘기를 나눌 수 있다면 친구나 선생님 앞에서도 자기표현을 잘하는 아이가 될 것입니다.

손가락을 빨거나 손톱을 물어뜯을 때

◆ 무심코 하는 말 ◆

"이제 초등학생이니까 그런 행동을 해선 안 돼!"

◆ 자기표현력을 키워주는 말 ◆

"초등학교, 재밌으면 좋겠다."

유치원에 다니는 민후의 엄마가 1월에 상담을 받으러 왔습니다. 민후가 3월에 초등학교에 입학하는데, 최근 한 달 정도 사이에 손가락을 빠는 버릇이 생겼다고 합니다. 혼내면 오히려 안 좋다고 해서 계속 지켜보고 있는데, 좀처럼 그 버릇이 고쳐지지 않아서 고민이라고 했습니다. 길을 걸을 땐 손가락을 못 빨게 하려고 아이의 손을 잡는데, 초등학교에 입학해서 교실에서도 손가락을 빨까 봐 엄마의 걱정이 컸습니다.

상담을 하다 보니 손가락 빠는 버릇은 초등학교 입학을 앞두고 주변의 어른들이 준비를 시키는 과정에서 생긴 버릇임을 알 수 있었습니다. 예를 들어 유치원 선생님은 "이제 곧 초등학생이 되니까 인사 잘하자", "정리정돈 잘하자" 등 무슨 일이든 '잘하라'고 강조했습니다. 부모는 학교 다닐 때 쓸 책가방과 학용품을 미리 준비하면서 알림장과 노트 사용법을 반복해서 가르쳐주거나, 줄을 서서 이동하고, 실내화를 갈아신어야 한다는 등 초등학교 생활에 대해 이런저런 얘기를 해주었습니다. 민후는 책가방을 메보거나 연필을 깎아보는 등 설레는 마음을 표현하기도 했지만, 마음 한편에선 새로운 환경에 적응해야 한다는 긴장감과 불안감도 함께 커졌고 그 마음을 손가락을 빠는 행동으로 잠재우려고 한 것입니다.

그래서 민후의 부모님에게는 우선 손가락 빠는 행동에 신경 쓰기보다 아이 스스로 어떻게든 극복해보려고 노력하고 있으니 그 마음을 이해하고 가만히 지켜봐주라고 권유했습니다. 그리고 집에서만큼은 '이제 곧 초등학생이 되는데'라는 말은 하지 말라고 조언했습니다. 이미 민후는 유치원 선생님이나 친구들을 통해 새로운 학교생활에 대한 부담을 과도하게 느끼고 있었습니다.

여기서 부모가 할 일은 민후가 느끼는 부담감과 압박감을 알아주고 응원해주는 것이었습니다. 아직 별 생각 없는 어린 아기 같아 보이지만, 아이들도 눈앞의 현실을 강하게 의식하고 있다는 걸 인정해야 합니다.

얼마 후 민후의 '문제'는 해결됐습니다. 민후가 손가락 빠는 행동을 멈췄기 때문이 아니라, 부모가 민후의 마음을 받아들인 것이 효과가 컸습니다.

민후와 우리 집 막내는 나이가 같습니다. 막내가 초등학교에 입학하고 첫 참관수업 날이었습니다. 부모들이 교실 뒤쪽에 쭉 서 있으니 아이들은 고개를 돌려 부모와 눈을 맞추고 설레는 표정으로 손을 흔들었습니다. 그런데 선생님이 수업을 시작하자 진지한 표정으로 모두 앞을 응시했습니다. 그때 한 가지 사실을 발견했습니다. 반 아이들 중 절반 이상이 엄지손가락을 입에 물거나 손으로 입을 만지고 있었습니다!

저는 아직 병아리 같은 아이들의 진지한 태도에 감동했습니다. 그리고 같은 시간 어딘가의 초등학교에서 열심히 긴장감과 불안감을 극복하고 있을 민후를 떠올렸습니다.

아이의 행동 이면을 바라보세요

예전에 심리상담사 양성 대학원에서 강의를 할 때 임상심리학자인 고마고메 마사토 선생을 만났습니다. 선생은 "증상은 환자 본인에게 아주 중요합니다. 쉽게 제거해버린다고 좋은 게 아닙니다"라고 역설했습니다. 의사로서 의아했습니다.

'환자들은 증상을 없애달라고 병원에 오는 건데.'

그런데 심리상담 공부를 지속하면서 선생의 그 말이 조금씩 이해되었습니다. 그리고 저는 이렇게 해석했습니다.

◆ 눈에 보이는 '아이의 문제행동'을 당장 없애버려야 하는 귀찮은 것으로 여기지 말 것.

◆ 그 대신 그 '문제행동'은 아이가 열심히 생각해낸, 소중한 대처법일지 모른다고 여길 것.

◆ 그 행동의 이면을 살필 것

예를 들면, 아이가 주변을 어지럽히고 게으름을 피울 때는 무언가 하기 싫고 거부감이 드는 걸 어떻게 표현할지 몰라서 그런 행동으로 표현하고 있다고 보는 겁니다. 그렇다고 아이의 문제행동을 전부 받아주라는 말이 아닙니다. '이 행동은 아이에게 어떤 의미가 있을지 모른다'고 생각하고 아이와 대화를 하라는 것입니다. 그 행동이 아이에겐 간절한 SOS일 수 있기 때문입니다.

Part 3

아이의
안정감을
키워주는 말

학교생활이 시작되면 선생님이나 친구들과 관계를 맺고 공부도 해야 합니다. 부모의 관점에선 그게 뭐 그리 힘든 일이냐 싶지만, 아이는 첫 사회생활에서 자기 자리를 찾으려고 무던히 애를 씁니다. 능력을 키우려는 부모의 채찍질을 받을 때보다 부모에게 마음 편히 돌봄을 받을 때 아이는 스스로 성장합니다. 학교에서 긴장했던 마음을 집에서 충분히 풀고 쉴 수 있도록 안정감을 키워주는 말로 아이에게 말을 걸어주세요.

TV에만 폭 빠져 지낼 때

◆ 무심코 하는 말 ◆

"TV는 그렇게 보면서 공부는 왜 안 하니?"

◆ 안정감을 키워주는 말 ◆

"집중력이 대단하네!
음료수는 옆에 둘게."

어느 날 강연 말미에 초등학교 3학년짜리 아들을 둔 엄마가 질문을 했습니다.

"어제 아이한테 크게 화를 냈습니다. 아들은 저녁 7시에 하는 〈명탐정 코난〉을 보려고 6시 45분부터 TV 앞에서 자세를 가다듬고 앉아 있었습니다. 뭐하는 거냐고 물었더니 '마음의 준비를 하는 거야'라고 대답했습니다. 그 모습이 바보 같아서 엄청 혼을 냈어요. 평소에 책 한 권 제대로 안 읽고, 숙제는 몇 번 잔소리를 해야 억지로 하고, 글씨는 마구 휘갈겨 써서 알아볼 수 없는 지경인데 〈명탐정 코난〉을 보겠다고 진지한 표정으로 반듯하게 앉아 있으니 속이 부글부글 끓어오르더라고요. 어떻게 하면 TV 시청을 줄이고 공부에 집중하는 아이로 키울 수 있을까요?"

아들의 이름은 준현이라고 했습니다. 저는 질문을 듣는 내내 바른 자세로 앉아서 눈을 반짝이며 〈명탐정 코난〉이 시작되길 기다리는 준현이의 모습을 떠올렸습니다. 설렘 가득한 준현이의 표정이 그려졌습니다. 아마 준현이는 TV 앞에 앉기 전에 음료수도 준비하고 화장실도 미리 다녀왔을 겁니다.

지금은 TV에 집중하지만, 나중에는

준현이의 엄마는 공부에 집중하는 아이로 키우려면 어떻게 해야 하는지를 물었지만, 준현이의 집중력은 이미 충분하다 못해 넘칩니다.

부모들은 유독 공부나 숙제를 할 때만 집중하기를 바라기 때문에 TV를 볼 때의 집중력은 낮게 평가는 경향이 있습니다. 하지만 집중력은 관심 있거나 좋아하는 것을 접하면서 키워지기 마련입니다. 특정 대상에 대한 관심과 좋아하는 마음이 있어야 다른 대상에 주의를 빼앗기지 않으면서 장시간 집중할 수 있습니다. 그런 점에서 준현이는 〈명탐정 코난〉을 통해 집중력을 키우고 있다고 할 수 있습니다. 〈명탐정 코난〉에 집중하기 위해 주변을 정리하고 자신의 컨디션을 조절하는 모습은 준현이의 집중력이 '마음가짐을 다잡는' 수준까지 와 있다는 것을 의미합니다.

일단 한 대상에 대한 관심에서 시작된 집중력과 지구력은 제법 커지면 서서히 다른 분야로 옮아갑니다. 이런 특성을 '범용성이 있다'고 말합니다. 가장 대표적인 예가 운동입니다. 운동을 꾸준히 하는 과정에서 집중력과 강인한 끈기가 키워지고 협동심이 생기는데, 이렇게 다져진 집중력과 끈기, 협동심이 다른 대상으로 옮아가면 살아가다 난관에 부딪혔을 때 포기하지 않고 끈질기게 앞으로 나아갈 수 있습니다.

TV에 빠져 있는 아이의 모습이 부모의 눈에는 한심하고 바보 같아 보일지 모릅니다. 그러나 지금은 TV에 폭 빠져 있어도 언젠가는 지루하다며 더 이상 TV를 보지 않는 날이 올 것입니

다. 카드게임이나 장난감처럼 말입니다. 그러니 그때까지 기다

려주는 건 어떨까요? 지금은 아이가 TV를 보면서 즐기는 능력,

자신을 행복하게 만드는 능력, 무언가를 좋아하는 능력을 키워

가는 과정이며 자연스럽게 집중력과 지구력을 연마하고 있습

니다. 그렇게 아이를 이해하고 믿는다면 '숙제도 안 하고 쓸데

없는 TV나 보면서……'라는 생각에 화를 내거나 초초해하지 않

고 조금은 편한 마음으로 아이의 성장을 지켜볼 수 있습니다.

◆ 무심코 하는 말 ◆

"그런 말 하는 거 아니야!"

◆ 안정감을 키워주는 말 ◆

" 그 정도로 싫구나. "

초등학교 1학년 딸이 학교에 가는 걸 너무 싫어한다면서 민하 엄마가 상담을 요청해왔습니다. 초등학교 입학 직후부터 학교에 가기 싫다는 말을 해서 두 달 가까이 달래고 혼내면서 등교를 시키고 있었습니다. 민하 엄마는 불안해 보였습니다. 몇 번 상담이 진행되는 동안 민하가 옆에 있는 자리에서도 갑자기 울음을 터트리거나 화를 내기도 했습니다.

아이가 초등학교에 입학하자마자 학교에 가기 싫다고 하면 부모의 고민은 깊어집니다. 학교에 적응을 못 해서 그러는 건지, 친구와 문제가 있는지, 선생님에게 미움을 받는 건 아닌지 갖은 상상도 하게 됩니다. 진짜 이유는 아이만 알겠지요.

그런데 만약 아이가 이유도 말하지 않고 학교에 가기 싫다고 강하게 말할 땐 그 이유를 알려고 애쓰거나 등교를 강요하기보다는 집에서 편안하게 지내게 하면서 부모도 아이도 안정을 찾는 것이 중요합니다. 저는 민하 엄마에게 가급적 아이에게 지시하거나 명령하지 말고 "더 이상 억지로 학교에 가라고 하지 않을게"라고 아이에게 확실히 말해줄 것을 권유했습니다.

그러자 놀라운 변화가 생겼습니다. 민하가 아침에 엄마가 깨우지 않았는데도 스스로 잠자리에서 일어난 것입니다. 아침마다 "정말 학교 안 가도 되지?"라고 몇 번이나 묻고 엄마가 "안 가도 돼"라고 대답해주어야 안심하긴 했지만요. 그리고 몇 번씩 재촉해야 간신히 먹던 아침밥도 잘 먹었습니다. 그렇게 일주일쯤 지났습니다. 엄마가 전화로 담임선생님께 아이의 상태를 전하고 전화를 끊었는데, 민하가 다가와서는 큰 소리로 또박또박 말했습니다.

"선생님한테 말해줘. 나는 2학년이 되어도 학교에 안 갈 거라고. 앞으로 절대 학교에 안 간다고. 나는 영원히 학교 안 갈 거니까, 올 건지 말 건지도 물어보지 말라고 해!"

민하의 말에 엄마는 충격을 받았습니다. '억지로라도 학교에 보내는 게 나았을까' 하는 생각도 들었습니다. 학교에 안 가도 된다는 말에 민하가 다시 밝아진 건 다행이지만, 앞으로 영원히 학교는 안 가도 된다고 진심으로 믿고 있을까 봐 걱정이 됐습니다.

내 아이는 얼마나 나를 신뢰할까요?

민하가 큰 소리로 또박또박 "영원히 학교에 안 가!"라고 했으니 그 부모는 얼마나 황당하고 불안했을까요? 정말 민하는 학교에 영원히 안 갈까요? 다행인 건 어른들이 말하는 '영원히'와 아이가 생각하는 '영원히'는 시간 개념상 다르다는 점입니다. 아이는 친구와 다투면서 "너하곤 영원히 말 안 할 거야!"라고 엄포를 놓고서는 그다음 날 아무 일 없다는 듯 함께 노는 일이 종종 있습니다. 말은 '영원히'라고 했지만 기한이 있는 '영원히'인 것입니다.

그렇다고 해서 아이의 '영원히'라는 말을 가볍게 여겨선 안 됩니다. 아이들의 마음을 반영해서 민하의 말을 다시 해석해보면 '영원히 학교에 가고 싶지 않을 정도로 싫은 기분이었고, 지금도 그렇다'라고 해석할 수 있습니다.

다행인 점은 더 이상 쭈뼛대지 않고 "학교 같은 데 절대 안 가!"라고 큰 소리로 말할 만큼 활기를 되찾았다는 사실입니다. 사람은 스스로 행복해지려는 본능을 가지고 태어납니다. 활기를 되찾은 민하 역시 이제 어떻게 해야 행복해질 수 있을지를 생각해서 스스로 움직이기 시작할 것입니다.

학교 문제로 찾아오시는 부모들과 이런 이야기를 나누곤 합니다. 아침에 일어나는 게 힘들어서 학교에 가지 않겠다고 말하는 두 아이 A와 B가 있다고 합시다.

A: "학교에 가고 싶지 않기 때문에 일어나기 싫어."
B: "학교에 가고 싶은데 일어나는 게 힘들어."

어느 쪽이 문제가 더 오래 지속될까요? 어느 쪽이 아이의 에너지가 더 많이 소모될까요?

상담실에서 만나는 부모들은 대개 "B가 낫지 않나요?"라고 말합니다. '아이가 학교에 가고 싶지만 몸 상태가 안 좋아서 못 일어나는 거니까, 몸 상태만 나아지면 갈 것이다'라고 생각하기 때문이지요. 마음의 문제가 아니라 몸의 문제라고 본 것입니다. 한편으로 부모는 '아침에 일어나지 못하는 건 내 책임이 아니니까 그나마 낫다'고 생각합니다.

A의 경우, 몸 상태는 문제없는데 아이가 나태해서 혹은 뭔가 싫은 이유가 있어서 가지 않는 것이기 때문에 상황을 더 안 좋게 보는 것 같습니다. 하지만 아이의 등교 문제를 많이 상담해온 제 생각은 다릅니다.

아이 문제를 상담할 때는 일단 부모의 말을 듣고 아이가 얼마나 힘든지, 어느 정도 활력이 떨어졌는지를 진단하면서 치료 전망을 세웁니다. 그런데 만약 아이가 '학교에 가고 싶지 않다'고 말하는 상황이라면 활기가 아직 남아 있거나, 부모에게 '힘들다'라고 솔직한 심정을 말할 수 있을 만큼 아이가 부모를 신뢰하고 있다고 진단합니다. 이런 경우엔 자녀를 대하는 방법을 살짝 바꿔보면 대부분의 문제는 해결됩니다.

여기서 말하는 '해결'은, 아이가 다시 학교에 가게 되는 걸 말하지 않습니다. 부모가 자기 편이라는 믿음이 생겨서 아이가 안심하고 학교 밖에서 시간을 보낼 수 있거나, 앞으로 이 문제를 어떻게 할지에 대해 함께 방향을 찾기 시작한다는 것을 의미합니다. 만약 아이가 반 친구나 선생님에게 괴롭힘을 당하고 있었다면 다시 학교에 가는 것이 오히려 위험합니다.

아이가 부모를 신뢰하지 않는다면

그런데 등교 거부의 이유가 '학교에 가고 싶은데 아침에 못 일어나겠다'라면 문제가 간단치 않습니다. 정말 건강에 문제가 있어서일 수 있겠지만, 그런 사례는 극히 드뭅니다. 많은 경우에 이런 아이들은 자기 감정보다 타인의 마음을 더 잘 읽고 배려하는 아이인 경우가 많습니다. 머리로는 '학교에 가야 한다'고 생각하지만 몸과 마음이 그걸 거부합니다.

'가고 싶지 않다'고 당당히 말할 수 있는 아이와 달리 '가고 싶은데 갈 수 없는' 이유가 분명 있지만, 부모에게 걱정을 끼치고 싶지 않아서 또는 그 이유를 깊이 생각하고 싶지 않아서 '아침에 일어나기 힘들다'라는 이유를 대는 것입니다. 어쩌면 '가고 싶은데 갈 수 없는' 상태에 이르기까지 아이는 꽤 오랜 기간 힘을 쥐어짜가며 학교에 다녔기 때문에 이미 몸과 마음이 완전히 지쳐 있을 수 있습니다.

그럴 때는 아이의 활기 회복을 최우선 목표로 여기고 집에서 편히 지낼 수 있게 배려해야 합니다. 그래야 아이가 부모의 믿음과 배려 속에서 몸과 마음을 회복하고 다시 사회를 향해 나갈 힘을 낼 수 있습니다.

그러나 상담하러 오는 부모들에게 이런 조언을 해주면 대부분 다음과 같이 반응하면서 충격을 받습니다.

"그럼, 우리 아이가 아침에 일어나지 못하는 게 제 책임이라는 말씀인가요?"

아이에게 일어난 일들이 모두 부모 책임이라고 보지는 않습니다. 딱 하나를 꼬집어 말하기 어려울 만큼 여러 가지 원인이 복합적으로 작용하는 경우가 많기 때문입니다.

그리고 이 경우에 부모의 책임인지 아닌지는 중요하지 않습니다. 원인이 무엇이든 부모는 아이가 집에서 안심하고 편히 지낼 수 있게 해주는 것이 가장 중대한 일이기 때문입니다. 그 과정에서 아이는 불평을 하거나 나약한 소리를 하거나 어리광을 부릴 수도 있습니다.

안전한 장소에서 편히 쉬고, 솔직하게 자기 기분을 부모에게 말할 수 있을 때 아이는 활기를 좀 더 빨리 되찾습니다. 그러면 등교를 거부한 진짜 원인은 찾지 못해도 아이 스스로 행복을 추구하는 모습을 볼 수 있습니다.

아이가 학교에 가기 힘들어할 때 눈앞의 문제를 없었던 일로 덮어버리고 어떻게든 다시 학교에 가게 하는 건 옳은 방법이 아닙니다. 그저 따뜻하게 품어주고, 아이가 활기를 되찾을 때까지 '즐겁게 기다린다면' 아이도 부모도 마음의 여유를 찾을 수 있습니다.

'우리 아이가
발달장애일지 모른다'고 생각될 때

상담을 하다 보면 문제행동이라고 생각해왔던 아이의 행동이 발달장애와 관련이 있는 경우가 자주 있습니다. 등교를 거부하는 원인이 발달장애인 경우도 있었는데, 만약 그 아이의 부모가 등교 거부를 단지 학교에 가기 싫어서 하는 행동으로 치부했다면 억지로 학교에 보내기를 반복하다 발달장애가 더 심해졌을지도 모릅니다.

발달장애의 증상은 아주 다양하고 폭넓어 발달장애인지 모르고 지내는 경우도 많습니다. 그러니 아이의 어떤 행동이 조금이라도 신경이 쓰이면 소아청년과 의사, 어린이집이나 유치원 선생님, 담임선생님이나 상담선생님과 상의해서 올바른 정보를 얻고 전문적인 도움을 받는 것이 중요합니다.

주요 발달장애와 부모의 대처법

상담 현장에서 마주치는 발달장애 문제는 대부분 ASD(자폐 스펙트럼장애), ADHD(주의력결핍과잉행동장애), LD(학습장애)입니다. 이 장애들은 일부 증상이 서로 겹쳐서 어느 하나의 문제라고 정확히 특정하기 힘들다는 특징이 있습니다.

◆ ASD: 자폐스펙트럼장애

ASD는 특정 대상에 심하게 집착하거나 특정 감각에 과도하게 반응하는 것 같은 증상 외에 사회적 의사소통과 상호작용에 결함을 보이는 발달장애입니다. 예전엔 ASD 가운데 언어와 지적 능력에 문제가 없는 경우를 고기능 자폐증(타인에 대한 관심이 부족한 유형), 아스퍼거증후군(타인에게 관심은 있지만 소통의 표현이 특이한 유형) 등으로 분류했습니다.

ASD 아이들은 대개 지능이 높고 어떻게든 집단생활에 적응하려고 애쓰기 때문에 장애가 겉으로 드러나지 않습니다. 그러다가 초등학교에 들어가서 단체 활동에 적응하지 못하거나, 다른 사람들과 소통할 때 상대방의 말을 이해하지 못하고 엉뚱한 말을 하기 시작하면 비로소 장애를 의심하게 됩니다.

ASD 자녀를 둔 부모들은 대부분 증상이 겉으로 드러나지 않게 하려고 애쓰는데, 그럴수록 아이와 부모 모두 힘들어지는 경우가 많습니다. 다른 아이와 비교하면서 우울해하거나 처지를 비관하면 장애를 가진 것보다 훨씬 불행한 상황을 초래하며, 대인관계를 개선한다며 억지로 친구들과 놀게 하는 등 안 되는 일을 되게 하려고 아이의 귀중한 시간을 써버린다면 아이가 어린 시절에 해야 하는 경험, 놀이의 즐거움 등을 경험하지 못할 수 있습니다.

예를 들어 혼자 있는 걸 좋아하는 아이에게 다른 아이들과 함께 놀라고 강요하는 부모가 있습니다. 물론 부모는 아이가 혼자 노는 게 안쓰럽고 나중에 왕따를 당하지 않을까 걱정되는 마음에서 그렇게 하겠지만, 아이는 부모가 생각하는 것만큼 혼자 노는 게 불행하지 않습니다. 오히려 타인과 함께 있는 것이 불안하고 괴롭기 때문에 혼자 차분히 지내는 편이 아이의 마음 성장에 더 좋을 수 있습니다.

부족한 부분을 극복하는 문제는 치료 전문가에게 의지

해야 합니다. 부모가 직접 나서더라도 전문가의 조언에 따라야 합니다. 그리고 무엇보다 아이를 즐겁고 편안하게 해주는 것에 힘을 쏟는 편이 아이와 부모 모두에게 좋습니다.

발달장애 아이에겐 할 수 없는 일을 할 수 있게 만드는 것보다 이 세상을 좋아하도록 이끌어주는 것이 가장 좋은 대처법이라는 사실을 잊지 않아야 합니다.

◆ ADHD: 주의력결핍과잉행동장애

ADHD 아이들은 주의 산만, 과잉 행동, 충동성이 다른 아이들보다 두드러집니다. 주변 사람들에게 피해를 줄 거라는 생각에 그런 행동을 일찍부터 엄하게 다루는 부모들이 있는데, 아이에게 유익한 대처법은 아닙니다. ADHD 특유의 행동들을 저지할수록 자기긍정감이 떨어지거나, 아이들 특유의 활기, 호기심, 집중력 등을 키워가기 힘들어집니다. 부모들의 초조한 마음은 이해합니다. 그러나 행동력과 호기심이 키워져야 자신을 제어하는 능력이 성장한다는 사실을 잊어서는 안 됩니다.

실제로 제가 만나본 대다수의 ADHD 아이들은 자신을 제어하는 능력이 다른 능력들보다 조금 늦게 성장했습니다.

그전까지 부모는 초조한 마음을 잠깐 누르고 아이의 자존감을 지켜주는 것에 신경을 써야 합니다. 하지 못하는 것을 할 수 있게 만들려고 필사적으로 아이에게 가르치기보다 '때가 되면 하게 된다'는 느긋한 마음으로 지켜봐줄 때 아이는 스스로 자신을 제어하는 능력을 키워나갈 것입니다.

충동적인 행동과 산만하고 집중하지 못하는 행동이 '병'이 아닐까 해서 병원에서 진찰을 받으면 당장 약물 치료를 권고받을 수 있습니다. 그러나 많은 전문가가 "ADHD는 약물 복용이 필요 없고 아이를 둘러싼 빡빡한 환경을 느슨하게 바꾸고 아이의 변화를 지켜봐주는 것이 가장 중요하다"고 말하는 만큼 치료 방법에 대해서는 신중하게 접근하면 좋겠습니다.

◆ LD: 학습장애

LD의 정도가 심한 아이는 알아차리기 쉽지만, 증상이 가벼우면서 머리가 좋은 아이들은 어떻게든 노력해서 장애에 대처하기 때문에 늦게 발견될 수 있습니다. 예를 들어 글을 읽지 못하는데 다른 아이의 목소리를 듣고 암기해버리거나, 다른 아이들보다 몇 십 배 더 노력해서 어떻게든 따라잡는 아이들이 있거든요.

LD는 증상이 확연히 드러나지 않다 보니 게으름을 피우고 공부를 안 한다는 이유로 교사나 부모에게 야박한 평가를 받거나 꾸중을 들어서 이중으로 상처받는 일이 많습니다. 제가 등교 거부 문제로 상담했던 아이 중에도 시력이 나쁜 건 아니지만 일부 문자를 구분하기 힘든 LD 아이가 있었습니다. 이 경우 다른 아이들과 자신이 어떻게 다른지 알지 못합니다. '왜 나는 책 읽는 게 이렇게 힘들까', '왜 나는 글씨를 못 쓸까' 그렇게 혼자 고민하며 자기 탓을 합니다.

이렇게 상처를 받던 아이들은 "글씨를 또박또박 써", "자꾸 연습하면 잘 읽을 수 있어"라고 계속 자신을 채근하던 부모가 "네 탓이 아니었구나. 터무니없이 화내서 미안해"라고 사과하면 활기를 되찾고 안정감을 느낍니다. 그렇게 아이의 마음이 어느 정도 안정되고 난 뒤에 아이에게 맞는 방법으로 읽기, 쓰기와 계산법 등을 지도해도 늦지 않습니다. 한 LD 아이는 "부모님이 나를 이해해주어서 너무 기뻤다"라고 말했습니다. 아이가 기댈 수 있는 유일한 존재인 부모가 내 편이라는 확신은 아이들이 어려움을 극복하는 데 가장 큰 자원이 됩니다.

아이가 함께 운동하자고 할 때

◆ 무심코 하는 말 ◆

"할 거면 제대로 하자."

◆ 안정감을 키워주는 말 ◆

"이거 엄청 재밌다."

제 친구의 이야기입니다.

이 친구는 중고등학생 때 야구를 한 터라 아들이 얼른 커서 함께 캐치볼을 할 수 있는 날을 무척 기다려왔습니다. 그러던 어느 날, 드디어 일곱 살짜리 아들이 캐치볼을 하자고 졸랐습니다. 기쁜 마음에 그날 바로 글러브를 사고 근처 공원에서 처음으로 아들과 캐치볼을 했습니다.

그런데 막상 공원에서 캐치볼을 하다 보니 공을 던지거나 잡을 때 아들의 어정쩡한 폼이 너무 신경 쓰였습니다. 그래서 자기도 모르게 하나하나 열심히 가르쳤습니다. 그랬더니 캐치볼을 시작할 땐 "내 공은 엄청나다니까!"라며 의욕 충만했던 아들이 10분도 안 돼 풀이 죽어서는 "이제 그만하고 집에 갈래"라고 말했습니다. 친구는 그제야 '내가 지나쳤구나!'라고 깨달았지만 이미 늦었습니다. 그다음 주 일요일에 아들에게 "캐치볼하러 갈까?"라고 제안했지만 "절대 안 해"라고 거절당했다며 탄식했습니다.

이와 비슷한 사례는 상담실에서 강의실에서 자주 듣습니다.

부모가 '시키는' 순간 흥미는 반감됩니다

아이가 뭔가를 시작하면 부모들은 '조금이라도 빨리 배우게 해야지', '기본부터 잘 가르쳐야지'라는 생각에 아는 지식을 모두 끌어다가 최대한 자세히 아이에게 전해주려고 합니다. 그러나 그건 부모의 과도한 의욕입니다. 아이가 뭔가에 관심을 가지고 배우려고 할 땐 '지금 아이가 이 새로운 체험과 어떻게 마주하고 어떻게 느끼는지'를 공감하면서 여유를 가지고 지켜보는 것이 아이의 관심을 꾸준히 유지할 수 있는 비결입니다. 이때 필요한 말은 "이거 엄청 재미있다!" 정도입니다.

아이가 좀더 잘하게 될 것 같은 부분이 눈에 띄더라도 아이가 직접 그것을 발견하는 기쁨을 빼앗지 말아야 합니다. 아이가 스스로 도전해보고 실패하고 극복하며 잘할 수 있게 되는 과정을 방해해서는 안 됩니다. 군이 가르쳐주지 않아도 아이가 실패를 통해 바로잡고, 주변 어른이나 친구들에게 배우면서 자기가 할 수 있는 것들을 점점 늘려나가는 걸 부모로서 그냥 지켜봐줄 필요가 있습니다. 아이가 가진 성장의 힘, 스스로 해내는 과정을 지켜보는 것이 아이를 믿는 부모의 진정 어린 태도입니다.

물론 아이가 가르쳐달라고 하면 그때는 가르쳐줍니다. 너무 집요하지 않게, 강도를 조절하면서요.

자신감 넘치는 아이로 키우고 싶다면

◆ 무심코 하는 말 ◆
"그런 대단한 일을 해내다니 멋지다!"

◆ 안정감을 키워주는 말 ◆
"지금 이대로 멋져."

초등학교 1학년 유진이의 엄마가 상담 도중에 다음과 같은 질문을 했습니다.

"유진이는 운동을 못해서 체육 과외를 시키고 싶습니다. 스카우트 캠프에도 보내고 싶고요. 어떻게든 자신감 넘치는 아이로 키우고 싶거든요. 하지만 유진이는 틀림없이 싫어할 거예요. 필요하다고 생각해도 아이가 싫어한다면 안 시켜야 하나요?"

아이들은 나름대로 자신감을 가지고 있습니다. 어른들이 말하는 '근거 없는 자신감'일 수도 있지만, 어른들의 잣대로는 뭐라고 단정할 수 없는 자신감이 아이들에겐 있습니다. 자신감을 국어사전에서 찾아보면 '자신이 있다는 느낌'으로 풀이되어 있습니다. 자세히는 '나는 어떤 것을 할 수 있다거나 잘할 수 있다는 느낌'이라고 할 수 있습니다.

어른들은 자신감도 키울 수 있다고 생각합니다. 그래서 스카우트 캠프처럼 아이가 뭔가를 극복해야 하는 상황으로 아이를 데려다놓고 싶어합니다. 그러나 부모들의 생각처럼 스카우트 캠프에 참가한(참가시킨)다고 해도 그 일을 계기로 자신감이 생기거나 하는 '환상적인' 일은 일어나지 않습니다. 왜냐하면 자신감은 주변 여건에 따라 작아지기도 하고 커지기도 하기 때문입니다.

예를 들어, 실력을 인정받던 축구 선수가 선발팀에 들어가서는 중간 수준으로 평가될 수 있고, 지역 대표팀이 되면 더 뛰어난 선수와 자신을 비교하면서 자신감이 떨어지는 경험을 할수도 있습니다. 다른 사람은 '그 정도 실력이면 충분하지'라고 생각하겠지만, 팀 안에서 나보다 실력이 뛰어난 선수를 보면 자신감이 낮아지기 마련입니다. 공부든 음악이든 마찬가지입니다. 그러니 스카우트 캠프처럼 다양한 아이들이 모이는 곳에 보내면 내 아이가 자신감을 키워서 오리라는 기대는 하지 않는 것이 낫습니다.

근거 없는 자신감이 훨씬 강합니다

자신감이 넘치는 사람을 보면 어른들은 무엇 때문에 자신감이 넘치는지 그 '근거'를 찾으려고 합니다. 그러나 근거가 없더라도 자신감이 넘치는 사람들이 분명 있습니다. 그런 태도를 가리켜 '근거 없는 자신감'이라고 하는데, 그렇다면 근거 있는 자신감과 근거 없는 자신감 중에 어느 쪽이 더 강할까요?

당연히 근거 없는 자신감입니다. 근거 있는 자신감은 그 근거가 사라지면 함께 사라지고 맙니다. 즉 무언가를 달성하지 못하거나 실패하면 없어지는 자신감이지요. 반면에 근거 없는 자신감은 예감이나 신념 같은 것입니다. 이유는 없지만 왠지 잘될 것 같은 기분이 드는 마음입니다. 좋은 일이 생길 것 같은, 그런 감각입니다.

아이들에게도 그런 근거 없는 자신감이 있습니다. 그래서 아이들은 어른들보다 훨씬 낙관적입니다. 그 낙관성을 잃지 않도록 지켜줄 때 '이유는 없지만 좋은 일이 생길 것 같다'는 마음이 뿌리 내릴 것입니다.

근거 없는 자신감이 아이의 마음에 뿌리 내리게 하려면 있는 그대로 아이를 받아들이는, 어떤 의미에선 간단하지만 사실은 용기와 끈기가 필요한 방법으로 아이를 대해야 합니다. 근거 없는 낙관성과 근거 없는 자신감은 아이가 어른이 되었을 때 무력감이나 우울증 등 마음의 질병으로부터 아이를 지켜줄, 매우 중요한 예방약입니다.

틀린 주장을 할 때

◆ 무심코 하는 말 ◆

"아니, 그건 틀렸어. 왜냐하면~"

◆ 안정감을 키워주는 말 ◆

"자신의 생각을 말할 수 있다는 건 좋은 일이야."

초등학교 1학년 재석이의 엄마는 최근 학교에서 있었던 일 때문에 고민이 깊었습니다.

"아들은 다정다감한 편인데, 싫을 때 싫다고 말하지 못해요. 최근엔 같은 반 친구가 다른 아이의 험담을 하라고 아들한테 시키니까 그대로 해버린 일이 있었어요. 그 일로 선생님께 꾸중을 들었고요.

103

아이한테 왜 그랬냐고 물었더니 '하기 싫었지만 싫다고 말하지 못했다'는 거예요. 어떻게 하면 싫은 걸 싫다고 말하게 할 수 있을까요?'"

어떤 말이든 하고 싶은 말이 있으면 거침없이 하는 아이가 있는 반면, 꼭 해야 할 말도 마음에 담아두기만 하는 아이가 있습니다. 하고 싶은 말이 있으면 하고야 마는 아이들은 부모에게 뭐든 당당히 얘기하지만, 하고 싶은 말을 담아두기만 하는 아이들은 부모의 말은 진심으로 받아들이지만 부모에게 자기주장은 못 합니다. 특히 '부모가 좋아하지 않을 일'은 절대 말하지 못합니다.

자기주장만 해서도 안 되지만, 꼭 해야 할 말이 있으면 할 줄 아는 아이로 키우려면 부모가 신경 쓸 일은 간단합니다. 아이가 자기 생각을 말했을 때 '네 의견을 말했다'는 사실을 확실히 인정해주는 겁니다. 즉 아이가 말한 내용이 아니라 아이가 의견을 표현했다는 사실을 인정해주라는 뜻입니다. '칭찬'이라고도 할 수 있지만, 좀 더 정확하게는 '관심을 표명하는' 겁니다. "재미있는 이야기구나", "너는 그런 식으로 생각했구나" 등 표현은 여러 가지가 있습니다. 아이가 마음속에 떠오른 것을 언어로 표현했다는 사실 자체를 부모로서 지지해주는 것이지요.

자기주장을 하는 용기를 인정해주세요

이러한 부모의 태도는 사춘기라 불리는 제2반항기 아이를 대할 때 무척 도움이 됩니다. 중학생이 되면 아이도 부모만큼 현명해지는데, 아직까지는 부모가 더 세상일에 훤하기 때문에 현명해진 자신을 인정받기가 쉽지 않습니다. 그래서 자신의 현명함을 알아달라는 제스처로 부모와 다른 의견을 말하거나 반대 의견을 내세우며 항의하곤 합니다. 정확하게는 '대립각'을 세우지요.

부모의 눈엔 반항하는 행동으로 비쳐질 수 있지만 이것은 아이 입장에서 매우 용기가 필요한 일입니다. 그러니 아이가 용기를 내서 의견을 말하면 무모하거나 근거가 빈약하더라도 '이때가 기회야'라고 마음에 새기며 의견을 표현한 아이의 행동을 인정해주어야 합니다.

저 역시 이런 일을 여러 번 경험했습니다. 사춘기에 들어선 큰아이가 정색을 하고 이상한 말을 하기에 '아이를 위해서라도 틀린 생각을 바르게 잡아줘야지' 하는 생각에 저도 모르게 윽박을 질렀습니다. 그런데 아이 입장에서 보면 어땠을까요? 어릴 때부터 거대한 존재였던 부모에게 나름 비장한 각오로 의견을 말했는데 돌아온 건 윽박이었으니, 절망감을 느꼈을 겁니다. 그리고 아이에 따라서는 '내 의견을 말하면 안 되나 보다' 하고 생각할 겁니다.

그러니 아이가 자기주장을 강하게 할 때 부모는 포용력을 발휘해서 자기 의견을 표현한 아이의 용기를 인정해줘야 합니다. 그러면 아이는 앞으로도 할 말은 할 줄 아는 자기주장의 힘을 쌓아갑니다.

여기서 중요한 것은 '바른 말을 하는 능력'이 아닙니다. '잘못된 판단이더라도 자기 생각을 표현하는 능력'입니다. 잘못된 판단은 누구나 할 수 있지만, 입 밖으로 꺼내는 것과 마음에만 담아두는 것은 큰 차이가 있습니다. 입 밖으로 꺼내면 상대가 잘못된 판단을 바로잡아줄 수 있지만, 마음에만 담아두면 자신의 판단이 옳은지 그른지조차 알 수 없지요.

그런 점에서 부모는 가장 좋은 연습 상대입니다. 아이를 위해서는 '지는 게 이기는' 겁니다. 아이의 의견에 찬성할 수 없다면 "엄마 아빠는 너와 의견이 다르다"라고 주장하면 될 일입니다. 토론의 결말에 도달하기 위해 아이의 주장을 속속들이 파헤치고 평가할 것이 아니라, 빈약한 근거라도 열심히 의견을 말하는 아이의 용기를 인정하고 환영해주는 것, 그게 부모가 아이에게 줄 수 있는 커다란 선물입니다.

고분고분한 아이에게도
문제는 생긴다

부모들이 상담을 요청해오는 이유를 보면 아이가 말을 듣지 않는다거나, 솔직하지 않다거나, 반항적인 경우가 많습니다. 그리고 결국 아이가 자기 말을 잘 따르기를 바랍니다.

부모들이 말하는, 아이가 부모의 말을 순순히 들을 때의 장점은 명확합니다. 부모가 가진 지식을 명확히 전달받을 수 있습니다. 부모는 아이보다 인생의 경험이 많고 세상의 이치도 잘 알고 있지요. 그걸 아이에게 전해주고 싶은 것은 당연한 일이며, 부모의 말을 순순히 따르며 사는 아이는 무엇이든 빨리 익혀서 현명한 어른으로 자랄 것이라 생각합니다. 더 나아가 선생님 말씀도 잘 들으면 공부도 잘할 것이라고 상상합니다.

그렇다면 부모의 말을 잘 듣지 않는, 즉 반항적인 아이는 현명하지 못하고 공부도 못할까요?

그렇지 않습니다. 자기 생각을 고집하고 부모의 조언을 듣지 않는 것은 자기주장의 힘이 있다는 뜻입니다. '하고 싶지 않은 일은 하지 않겠다'는 자세는 언뜻 오만해 보일 수 있지만, 자기주장을 한다는 관점에선 달리 생각해볼 수 있습니다.

부모가 볼 때 아이의 욕구는 이기적이거나 미숙하거나 자기중심적입니다. 그러나 그 욕구는 아이에겐 귀중한 가치로, 마음 깊은 곳에 뿌리내리고 있다가 무언가를 달성하고자 할 때 든든한 밑거름이 됩니다.

착한 아이는 욕구가 억눌려 있는지 살피세요

반면, 부모가 착한 아이로 키웠거나 혹은 아이가 부모 눈치를 보며 '착한 아이'로 키워졌다면 이런 욕구가 과도하게 억눌릴 수 있습니다. 그런 아이는 부모가 지켜줄 수 있는 환경에선 별 문제 없지만, 학교나 친구 관계에서 자신을 지키는 걸 어려워할 수 있습니다. 예를 들어 선생님이 아이들을 밀

착해 관리하는 초등학교 저학년 때는 반에서 리더 역할을 맡을 수 있습니다. 선생님 말씀을 잘 들으면서 자기를 제어하니까요. 그러나 선생님의 영향력이 미치지 않는 초등학교 고학년이 되면 자립이 시작된 친구들과의 관계가 소원해질 수 있습니다.

저는 동네 아이들의 놀이 그룹(주로 체육관에서 풋살을 합니다)을 15년 정도 운영하며 초등학생들을 만나왔는데, 매년 그런 경우를 봅니다. 저학년 때는 친구들 사이에서 리더 역할을 하던 아이가 5학년쯤 되면 특유의 성실성 때문에 놀림을 받거나 따돌림을 당합니다. 그런 아이들은 아이다운 교활함, 씩씩함, 어른에 대한 반항심이 제대로 뿌리 내리지 못한 경우가 많습니다.

교활함이나 반항심이라는 단어에 깜짝 놀라는 부모들이 계실지 모르겠습니다. 하지만 이런 '건방진 모습'도 성장 과정에서 중요하다고 의식하며 아이를 대해야 합니다. 그러면 아이가 커가면서 맞닥뜨리는 문제들을 헤쳐나갈 강인함을 키우는 데 도움을 줄 수 있습니다.

장난감 조작이 서투르고 망가뜨릴 것 같을 때

◆ 무심코 하는 말 ◆

"네가 손대면 망가져."

◆ 안정감을 키워주는 말 ◆

"망가졌네. 어쩌지?"

어느 해 겨울이었습니다. 초등학교 1학년이던 막내와 함께 근처 공원에서 연날리기를 했습니다. 그 전날에 저녁거리를 사러 근처 마트에 갔을 때 계산대 위에 매달려 있던 연을 막내가 발견하면서 사게 됐습니다. 막내는 연에 대해 알고는 있었지만 직접 본 건 처음이었습니다. "이거 갖고 싶다!"고 하도 매달려서 어쩔 수 없이 사준 겁니다. 비닐로 된, 흔히 볼 수 있는 연이었어요. 막내는 아주 기뻐하며 집에 가지고 돌아와 머리맡에 두고 잠이 들었습니다.

다음 날 아침, 늦잠꾸러기 막내가 일찍 일어나서는 "연 날리러 가요!"라며 부산을 떨었습니다. 아직 밖은 어둡고 날씨도 추웠지만 막내는 멈추지 않았습니다. 포장지에서 연을 꺼내 혼자 조립을 하려고 했습니다. 연에 살도 아직 붙이지 않았는데 벌써 얼레를 들고 집 안에서 뛰어다닐 기세였습니다. 날씨가 추워 걱정이 됐지만, 평소 게임만 하던 아이가 밖에 나가고 싶어 하니 저도 마음이 바빠졌습니다. 그래서 연 만들기를 빨리 마무리하고 함께 공원에 갔습니다.

공원에 도착하자마자 막내는 연 날리는 방법을 듣지도 않고 연을 들고 냅다 뛰었습니다. 아이가 좋다면 그걸로 됐다 싶어서 한참 아이가 연 날리며 노는 걸 지켜봤습니다.

설명서대로 가지고 노는 게 중요할까요?

그곳엔 또 다른 아빠와 아들도 있었습니다. 그 집 아들이 우리 아이의 연을 보고 연을 갖고 싶다고 했는지, 그 아빠는 아이를 자전거 뒤에 태우고 달려가 똑같은 연을 사서 돌아왔습니다. 그 아이도 우리 아이처럼 들떠서 연이 완성되기도 전에 "내가 할래! 내가 할래!" 하며 재촉했습니다. 그러나 그 아빠는 완벽하게 연을 만들려고 애쓰는 것 같았습니다. 설명서도 제대로 읽고, 균형추도 정확히 맞추고 있었습니다. 아이가 그 옆에서 "빨리 하고 싶어!"라고 말하는데도 느긋하고 신중했습니다.

드디어 연이 완성됐습니다. 그런데 이번엔 아빠가 연을 땅바닥에 놓더니 계속 실을 풀면서 연에서 상당히 멀리 떨어진 곳까지 가 바람을 체크했습니다. 그러다 바람이 적당하다 판단됐는지 아이 쪽을 향해 연을 획 끌어 올렸습니다. 연은 펄럭거리며 단박에 높이 떠올랐습니다. 아이는 "내가! 내가!" 하면서 옆에서 펄쩍펄쩍 뛰었습니다. 하지만 아빠는 "아직이야. 기다려"라고 말하면서 계속 실을 풀었습니다.

이 날은 바람이 불었다가 그쳤다가를 반복했고, 풍향마저 변덕스러웠습니다. 그 영향으로 그 아빠의 연은 처음엔 높이 올랐지만 금세 떨어졌습니다. 그때마다 아이는 "내가 할게! 아이참!" 하고 소리를 질렀습니다. 몇 번의 시도 끝에 그 아빠는 "오늘 바람은 연날리기 하기엔 안 맞네. 그만하자"라고 말했습니다. 아이는 금방 울 것 같았습니다.

문득 '우리 애는 어쩌고 있지?' 걱정이 됐습니다. 주위를 둘

러보니 꽤 멀리 떨어진 곳에 몇 사람이 모여 있었습니다. 그곳으로 걸어가는데 벚나무 가지에 걸려 있는 우리 막내의 연을 산책 나온 사람들이 내려주는 모습이 눈에 들어왔습니다. 막내가 어른들에게 고맙다고 인사를 하더니 연을 들고 내게로 뛰어왔습니다. 몇 군데가 찢어져서 엉망이 된 연을 제게 휙 건넨 막내는 "연 가지고 먼저 집에 가. 나는 조금 더 놀다 갈 테니까!" 그렇게 말하곤 다시 냅다 달렸습니다.

자꾸 그 부자가 눈에 어른거렸습니다. 그 아빠는 연을 하늘 높이 날린 뒤에 아들에게 얼레를 건네며 "연은 이렇게 날리는 거야!" 하고 말하고 싶었을 겁니다. 하지만 그 아들에게 연날리기는 그저 놀이였을 겁니다. 자신이 애원해서 사게 됐으니 직접 조립해서 들고 뛰든 날리든 하고 싶었을 것입니다. 서툰 기술에 연이 찢어지고, 살짝 날다가 금세 바닥에 떨어지거나 나뭇가지에 걸려도 즐겁게 놀았을 것입니다. 그 모든 체험이 '아이들의 연날리기'라고 생각합니다. 완벽하거나 멋지지 않지만, 여러 가지 시행착오까지 포함한 전 과정이 아이에겐 연날리기 체험인 것이죠. 아빠의 판단으로 얼레 한번 잡아보지 못한 아이의 낙담한 표정이 참 안타까웠습니다.

Part 4

아이에게
성장의 기회를
주는 말

늘 품 안에 있을 것 같던 아이인데, 어느 순간 무럭무럭 자라 '나의 가치관은 부모님과 다르다'고 느끼기 시작하고 부모보다 친구의 말과 생각에 더 귀 기울이는 시기가 옵니다. 이 시기에는 아이를 '보호해주고 보호를 받는' 관계가 아닌 서로 대등한 관계로 바라봐야 합니다. 아이가 선생님이나 친구들과 대화할 때 주눅들지 않고 의견을 주고받을 수 있도록 부모가 연습 상대가 되어주세요.

숙제를 제때 하지 않고 미루기만 할 때

◆ 무심코 하는 말 ◆

"숙제 다 했니?"

◆ 성장의 기회를 주는 말 ◆

"언제 숙제하는 게 좋을까?"

잔소리를 하지 않으면 아이는 자발적으로 행동합니다. 못 믿겠다고요? 여기 초등학교 5학년 아들을 키우는 한 엄마의 이야기를 들어봅시다.

지훈이와 엄마는 한동안 사이가 냉랭했습니다. 숙제가 있는걸 아는데 지훈이는 숙제할 생각이 전혀 없어 보이는 날이 반복됐기 때문입니다. 그럴 때면 엄마가 얼른 숙제를 마치라는 투로 재촉했는데, 그러면 지훈이는 싫은 표정으로 아무 대꾸 없이 자기 방으로 들어갔습니다. 두고 보고만 있으면 아무것도 하지 않으니까 어쩔 수 없이 말하는 건데 아이는 대답도 없이 뚱한 표정만 지으니 엄마 입장에선 화를 낼 수밖에 없었습니다.

지훈이 엄마에겐 지훈이에게 말을 거는 순간이 스트레스 그 자체였습니다. 계속 이렇게 지낼 수 없다고 생각한 어느 날 엄마가 결심을 했습니다. 여전히 숙제를 안 하는 지훈이가 신경 쓰였지만 더 이상 이래라저래라 하지 않기로 한 것입니다.

그렇게 며칠이 지났습니다. 그날도 밤 9시가 다 될 때까지 지훈이는 거실에서 TV만 보고 있었습니다. 물론 숙제는 하지 않았습니다. 재촉하고 싶은 마음을 꾹 눌러오던 엄마는 지훈이를 유심히 보다가 결국 말을 하고 말았습니다. 그전처럼 "이제 숙제 좀 하시지?"라고 말입니다. 그전 같으면 지훈이는 그 말을 듣자마자 방으로 들어갔을 것입니다. 그런데 이 날은 이렇게 대꾸했습니다.

"지금 목욕 마치고 쉬고 있잖아요. 쉬는데 왜 숙제 얘기를 하는 거예요."

예상치 못한 반응에 엄마는 깜짝 놀라서 "아, 그래? 미안" 하며 꼬리를 내렸습니다.

이날 이후로는 엄마가 숙제를 재촉하면 지훈이는 "TV에서 마침 중요한 장면이 나오는데", "내가 하려고 막 결심한 순간인데"처럼 자기 나름 중요한 시간을 보내고 있다고 말했습니다. 지훈이가 자신의 마음을 말해주니 이제 숙제 얘기는 "언제 숙제하면 좋을까" 정도만 합니다.

잔소리가 생각의 기회를 막습니다

부모가 아이에게 더 이상 잔소리를 하지 않으면 지훈이네와 같은 변화가 종종 목격됩니다. 대화가 없던 부모와 아이 사이에 대화가 생겨나고, 부모의 지시에 대해 아이는 자신의 생각이나 기분을 말합니다. 이것은 '자기주장 훈련' 그 자체입니다.

부모로서 화를 내거나 윽박지르지 않으면서 아이의 행동을 변화시키려면 부정적인 말투를 가능한 배제한 채 아이에게 그렇게 말하는 의도를 담백하게 전달해야 합니다. 그러면 아이는 부모가 왜 그렇게 말하는지를 이성적으로 이해하고, 엄마 아빠의 말을 무조건 잔소리로 듣는 자신의 감정적인 태도를 서서히 고쳐나갑니다.

이 과정에서 앞으로 학교나 직장, 가정에서 상대방과 의견이 맞지 않을 때 어떻게 조율해야 하는지를 체득할 수 있습니다. 어떤 의미에서는 부모의 잔소리에 묵묵히 따르거나 숙제를 억지로 하는 아이보다 얻는 게 훨씬 많은 것입니다. 게다가 서로 의견을 주고받으니 이전처럼 분위기가 어색해지지도, 냉랭해지지도 않습니다.

아이가 자라서 사회생활을 하게 되면 의견을 나누고 조율하면서 자신을 지키는 대화법이 더욱 중요해집니다. 그런 점에서 부모와의 대화는 나와 의견이 맞지 않는 사람과 어떻게 의견을 나눠야 하는지를 배울 수 있는 아주 중요한 기회입니다.

잔소리를 하지 않은 지 2주 정도 지나면서 지훈이 엄마는 마음이 한결 편해져 아들의 어떤 행동도 너그럽게 지켜볼 수 있게 되었다고 했습니다. 아이가 제멋대로 행동하는 것처럼 보여도 해야 할 일은 스스로 챙길 능력이 있다는 것도 알게 되었습니다.

어느 날, TV를 보던 지훈이가 밤 9시가 넘어 숙제를 하겠다며 방으로 들어갔는데 "헐, 수학책 학교에 두고 왔다!"라고 중얼거리는 소리가 들려왔습니다. 엄마는 '좀 더 일찍 알았으면 빌리러 갈 수도 있었는데!'라고 말하고 싶어 입이 근질거렸지만 아무 말 없이 지켜보기만 했습니다. 그러자 지훈이가 스스로 친구 영준이에게 전화를 해서 "내일 아침 너희 집에 일찍 갈 테니 30분만 수학책 좀 빌려줘"라고 말했습니다. 전화를 끊고 나서 엄마한테 "영준이 어머님께 문자 좀 보내주세요. 아침 6시에 찾아가면 이상하게 생각하실 수 있으니까"라고 부탁까지 했습니다.

"와~ 센스 짱인데!"

진심으로 감동한 엄마의 입에서 자연스럽게 감탄이 나왔습니다. 그 밤에 친구한테 책을 빌리러 갈 수 없으니 지훈이는 어떻게든 학교 가기 전에 숙제할 방법을 찾고자 애를 썼고, 새벽에 찾아가면 놀라실 친구 부모님에 대한 배려까지 빼놓지 않았으니까요.

이제 이런 일들은 지훈이네 집에서 빈번히 일어납니다. 지훈이 엄마는 그동안 있었던 변화에 대해 기쁜 표정으로 이렇게 말했습니다.

"그전에는 잔소리하면서 쫓아다니느라 아이의 능력을 잘 몰랐습니다. 아이와 함께 있으면 '무엇에 대해 주의를 줘야 할까?', '언제 말할까' 하는 걱정만 앞섰어요. 그런데 이젠 그런 걱정이 사라져 마음이 무척 편안합니다. 요즘은 아이가 성장하는 모습을 지켜보는 재미가 쏠쏠합니다."

밤늦게까지 TV를 보고 있을 때

◆ **무심코 하는 말** ◆

" 언제까지 TV만 볼 거니?"

◆ **성장의 기회를 주는 말** ◆

" 먼저 잘게~. 잘 자!"

말 걸기의 방식은 크게 조작적 대화와 교류적 대화로 구분됩니다. "이 닦아라!", "숙제는 다 했니?"처럼 행동을 지시하거나 확인하는 대화가 조작적 대화이고, "오늘 재미있었어", "새로 산 자전거, 타기 편할 거 같다"처럼 생각이나 마음을 전달하는 대화가 교류적 대화입니다.

등교 거부, 비행행동, 섭식장애 등 표면적으로 드러나는 아이들의 문제행동은 다양하지만, 부모들과 상담하다 보니 그 아이들의 거의 모든 부모에게 공통점이 있다는 걸 알게 되었습니다. 바로 아이와 대화를 할 때 주로 조작적 대화를 한다는 것입니다. 부모에게서 지시와 명령, 확인의 언어를 끊임없이 듣고 살아온 아이들은 집에서 마음이 편치 않았을 것이고, 그런 마음이 문제행동으로 드러났던 것입니다. 물론 불안한 아이와 지내는 부모도 즐겁지만은 않았겠지요.

조작적 대화는 반드시 줄이세요

저는 아이의 문제행동을 해결해달라며 상담을 요청하는 부모들에게 가급적 조작적 대화는 하지 말고 교류적 대화를 늘리라고 조언합니다. 아이에게 집은 어디에서도 느끼지 못한 안정감이 느껴지는 곳이어야 하며, 학교에서 그리고 학원에서 공부나 운동을 열심히 하고 왔으니 집에선 편히 쉴 수 있어야 하기 때문입니다.

어른에 비해 아이는 활기를 회복하는 능력이 뛰어납니다. 훈육도 학습도 중요하지만, 비행을 저지르거나 등교를 거부할 정도로 나약해진 아이들은 이미 활기를 잃은 상태이니 집에서

만큼은 지시와 명령, 확인의 말 없이 편히 쉬게 하는 것이 좋습니다. 그것만으로도 아이는 눈에 띄게 달라집니다.

조작적 대화를 멈추고 교류적 대화를 늘리면 아이는 그전과 다르게 TV를 보면서 큰 소리로 웃을 것입니다. 마음이 편해져 TV에 온전히 집중하기 때문입니다. 그런 아이의 모습에 부모는 '쟤가 TV 보면서 저렇게 웃은 적이 있었나' 하고 놀랄 수 있습니다. TV를 볼 때마다 "언제까지 TV만 볼 건데?"라는 핀잔을 들어온 아이는 맘 편히 웃으며 보다간 혼이 나거나 부모에 의해 강제로 TV를 꺼야 했을 테니, TV를 보면서도 안 보는 척 가만히 곁눈질로 TV를 봤을 것입니다. 지루하고 재미없는 듯한 분위기를 연출한 것이지요. 하지만 부모가 TV 보는 것에 대해 더 이상 혼내거나 주의를 주지 않으면 아이는 눈치를 보지 않고 편히 집중합니다.

이렇게 얘기하는 엄마도 있었습니다.

"선생님은 아이가 웃게 될 거라 하셨는데, 저도 많이 웃게 됐나 봐요. 얼마 전 남편이 그러더군요. '당신, 그렇게 잘 웃는 사람이었어? 광고를 보면서도 웃잖아'라고요."

조작적 대화를 하지 않으면 부모도 훨씬 편해집니다. 지금까지는 아이의 일거수일투족을 확인하면서 부족한 면을 찾고 '어떻게 주의를 줄까?', '앞으로 몇 분이나 참아야 할까?', '이쯤에서 말할까? 말하지 말까?'를 항상 고민했을 겁니다. 하지만 '더 이상 지시와 명령, 확인의 시선으로 아이를 대하지 않겠다'고 각오하면 이런 고민도 줄어듭니다.

아이를 가까이서 돌볼 수 있는 시간은 아주 짧습니다. 그 짧은 시간을 계속 잔소리를 하면서 보내는 건 너무 안타까운 일입니다.

아이가 제안한 놀이를
함께 한다는 건

막내가 초등학교 3학년 때의 일입니다. 여름날 가족끼리 차
로 이동하다가 평소 잘 다니지 않는 길로 들어섰는데 공원
이 눈에 들어왔습니다. 그 공원 옆을 지나칠 때 막내가 말했
습니다.

"저 공원에서 잠깐 놀다 갈까?"

주택가 어디에나 있을 법한 평범하고 작은 공원이었지
만 커다란 놀이기구가 있어서 왠지 재미있어 보였나 봅니
다. 아내도 저도 아이가 부탁하거나 제안하는 건 웬만하면
들어주는 편이었지만 정말 평범한 공원이었고, 여름 햇살이
뜨겁고, 집에 돌아가 하고 싶은 일도 있어서 잠시 고민했습

니다. 그러다가 결국 차를 멈춰 세우고 공원에서 놀기로 했습니다.

첫째와 둘째는 이미 고등학생이라 공원에서 놀 나이는 아니었지만, 놀이기구를 이용해 술래잡기를 하거나 그네를 타면서 막내와 놀아주었습니다. 그렇게 20분쯤 놀다가 근처 편의점에서 음료수를 사서 나무 그늘 아래에 자리를 잡고 앉아 함께 마셨습니다.

그러다 문득 아이들의 언어는 참 신기하다는 생각을 했습니다. '여기서 잠깐 놀다 가도 돼?'라고 허락받을 상황에서 '함께 놀까?'라고 합니다. '내가 놀고 싶은 것처럼 아빠와 엄마와 형들도 놀고 싶을 거야!'라는 확신이 있어야 할 수 있는 말을 아이들은 당연하다는 듯 합니다. 시간이 지나고 보니 그날 막내는 어른 안에 있는 동심에 말을 건넸던 것 같습니다.

가족의 일상을 들여다보면 이런 에피소드들이 참 많습니다. 그 상황에서는 특별할 것 없는 사건이나 말인데, 나중에 돌아보면 그 순간에 아이가 건넨 말 한마디가 무엇보다 귀중한 보물이라는 것을 알아차리게 되지요. 하지만 그 순간은 다시 돌아오지 않습니다.

언제 어디서나 아이의 요구에 응하라는 말을 하려는 게 아닙니다. 그건 불가능하지요. 하지만 가끔 아이의 제안에 응한다면 부모인 당신도 동심 안에서 그 순간에 느낄 수 있는 최고의 행복을 느낄 것입니다.

아이가 내미는 손을 기쁘게 잡아주세요

이벤트나 여행은 아이를 기쁘게 해줄 수 있지만 준비하기가 쉽지 않습니다. 그에 비해 아이가 제안하는 소소한 '놀이'는 특별한 준비가 필요 없습니다. 그리고 부모는 오랜만에 동심으로 돌아갈 수 있어 좋고, 아이는 자기가 원하는 놀이를 부모와 함께 해서 크게 만족합니다.

예를 들면 전차를 타본다거나 아이가 좋아하는 문구점에서 함께 장난감을 고르는 일은 그다지 많은 시간과 비용이 들지 않아도 아이는 기뻐합니다. 이때의 만족감은 '나의 제안을 엄마 아빠가 받아줬다', '엄마 아빠도 무척 즐거워했다'는 데서 온 것입니다.

우리 집 막내는 지금 중학생입니다. 더 이상 공원이나 놀이기구를 봐도 "놀다 갈까!"라는 말은 하지 않습니다. 형들은 이미 직장인이 되어 독립했고요. 돌아보면 가족이 함께 공원에서 논 건 그때가 마지막이었던 것 같습니다. 공원을 지나다 어린아이들이 노는 모습을 보면 문득 그 여름날 공원에서 신나게 놀던 우리 가족의 모습이 떠오릅니다.

다른 집 아이를 돕고도 마음이 불편할 때

◆ 무심코 하는 생각 ◆

'이 아이의 부모는 교육을 어떻게 시킨 걸까?'

◆ 성장의 기회가 되는 생각 ◆

'곤경에 처한 아이를 도울 수 있는 건
행복한 일이야.'

지인이 자신이 겪은 일이라면서 조언을 요청해왔습니다. 지인
의 딸 수연이는 초등학교 5학년으로, 초등학교에 입학할 때부
터 무용을 배우고 있습니다. 지인은 언제나 차로 딸아이를 학원
에 데리고 가서 수업 준비를 도와준 다음 집에 왔다가 학원을
마치는 시간에 맞춰서 다시 학원으로 가 아이를 데리고 집에
옵니다. 그런데 그녀의 고민은 딸 수연이가 아니었습니다.

"학원의 한 여자애가 항상 제게 와서 '아줌마, 저도 도와주세요' 그럽니다. 저는 그 애의 머리띠를 해주거나 아이라인과 볼터치도 해주죠. 이 학원에 여자아이만 여덟 명이 있는데, 그 애만 부모님이 오지 않아요. 그 아이가 학원에 온 지 3년 정도 되었는데 한 번도 그 부모를 만난 적이 없어요. 작년까진 수연이의 화장을 해준 다음에 그 아이를 도와줬지만, 지금 수연이는 화장을 스스로 할 수 있어서 제가 그 아이만 돕는 상황이 되었습니다. 그 아이 부모는 이런 상황을 알고 있을까요? 어떻게 생각할까요? 딱히 고맙다는 말을 듣고 싶은 건 아니지만, 어쩐지 마음이 찜찜해요. 이런 생각을 하는 제가 너무 속이 좁은 건가 싶기도 하고요."

비슷한 갈등 상황을 저 역시 경험했습니다. 우리 아이들은 집 근처 축구 클럽에 소속돼 있었습니다. 아이들의 부모들은 서로 협력하며 운동장 정리, 시합 준비, 정리 정돈, 대회장까지 아이들을 차로 데려다주기 등을 당번제로 지원했습니다. 당번이 아니어도 자발적으로 돕는 부모들도 있었습니다. 아이들이 열심히 달리는 모습을 보는 건 즐거운 일이니까요.

반면 거의 참석하지 않는 부모들도 있었습니다. 부모가 오지 않는 아이들은 다치면 다른 부모들이 처치를 해주고, 수건을 안 가져오면 수건을 빌려주고, 음료수가 부족하면 보충해주는 등 내 아이처럼 도와주었지만 대개의 경우 그 아이의 부모들은 고맙다는 인사를 하지 않았습니다.

내가 그 아이를 도와준 것뿐이에요

저는 그런 부모들에 대해 이렇게 생각하기로 했습니다. 만약 길에서 모르는 아이가 넘어져서 다치는 걸 봤는데 곁에 보호자가 없다면 저는 제가 할 수 있는 만큼 도와줄 겁니다. 그 아이의 부모가 인사를 하든 안 하든 상관없어요. 한편으론 '도와줄 수 있어서 다행이야'라고 생각할 겁니다.

이처럼 모르는 아이도 돕는데, 하물며 내 아이의 친구를 도와주는 건 당연한 일이겠지요. 그런데도 마음이 불편하면 '자기 아이가 내 도움을 받고 있다는 걸 그 부모는 알고 있을까? 나라면 고맙다는 인사라도 할 텐데' 그렇게 생각해버립니다. 부모와 아이를 따로따로 판단하는 것입니다. 부모에 대해선 머릿속에서 제쳐두고 곤경에 처한 아이와 나, 그렇게 둘만 생각하는 겁니다. 그러면 아이가 내 도움을 받고 웃어주기만 해도 더 이상 신경이 안 쓰입니다.

수연이 엄마에게는 이렇게 조언했습니다.

"그 아이와 당신, 두 사람의 관계 안에서 가능한 정도까지만 지원을 해주면 좋겠어요. 어떤 이유에서든 부모가 함께 오지 못한 그 아이는 도움을 받는 내내 마음이 편치 않을 겁니다. 그리고 나중에 '그때 수연이 엄마가 잘해주셨지'라고 떠올릴 거예요. 더 먼 미래에는 당신처럼 자기 아이가 아닌 다른 집 아이에게 애정을 줄 수도 있겠지요. 당신이 하고 있는 일이 바로 그런 겁니다."

◆ 무심코 하는 말 ◆

"네 멋대로 할 거면 집에서 나가!"

◆ 성장의 기회를 주는 말 ◆

"넌 나의 보물이야!"

아이가 자랄수록 정리 정돈, 기본 예의, 식사법 등 집에서 배워야 할 것은 늘어나는데 부모의 가르침을 단번에 알아듣고 행동으로 옮기는 아이들은 적습니다. 그러면 부모는 답답해서 잔소리를 하고 혼을 내게 됩니다.

"너처럼 나쁜 아이는 내 아이가 아니니까 나가!"

"네 멋대로 할 거면 이제 집에 들어오지 마!"

저도 이렇게 말한 적이 있었습니다. 하지만 "이 집에서 나가"라는 부모의 말은 아이 입장에서 정말 심한 말입니다. 아이는 그 말이 부모의 진심이 아니라는 것쯤은 이해합니다. '엄마가 화가 많이 나서 한 말이지'라고 알아줍니다. 그럼에도 "나가"라는 말을 들으면 자기도 모르는 사이 마음 깊은 곳에 상처로 남습니다.

언제부턴가 저는 이렇게 하고 있습니다. 만약 '이제 너 같은 놈은 집에서 나가!'라고 말하고 싶을 정도로 아이한테 화가 나면 마음속으로 이렇게 말합니다.

'나는 지금 아이가 내 뜻대로 움직이지 않는다고 화를 내고 있다.'
'아이는 내 마음대로 조종하는 인형이 아니다.'

그리고 아이에게 이렇게 말합니다.

"있잖아. 이것만은 말해둘게. 네가 어떤 잘못을 저질러도 아빠는(엄마는) 네 편이야! 너는 엄마 아빠의 보물이고, 이 집은 네가 안전하게 지낼 수 있는 장소야!"

"가장 소중한 건 바로 너다", "너는 나의 보물이다"라는 말도 괜찮습니다. 그런 말을 미낭 사랑스러운 표정과 어조로 하라는 것은 아닙니다. 저도 인간이라 잔뜩 화가 난 상황에서 무조건 참지는 않습니다. 다만 화를 내면서도 저런 말을 하면 훨씬 박진감 넘치는 대사가 됩니다. 그리고 아이는 '아빠(엄마)는 화가 났어. 화를 내면서도 이렇게 말해주시는구나'라고 느낍니다.

아이는 이미 자신의 행동 때문에 엄마 아빠가 화가 나 있다는 걸 알고 나름 반성도 하고 있습니다. 그러나 아직 미숙해서 정확히 무엇이 문제였는지, 부모가 어떤 감정이며 얼마나 힘든지에 대해선 구체적으로 설명해줘도 이해하지 못합니다. 또 부모의 화를 누그러뜨리기 위해 무엇을 해야 하는지 모릅니다. 아이가 이해하지 못하는 말로 목 아프게 혼낼 바엔 '이런 일이 있었는데도 아빠는 나를 소중히 대해주려고 하시는구나', '지금 이대로의 나도 인정해주시는구나', '여기가 내가 있을 곳이구나'라는 메시지를 전하는 게 낫습니다. 그러면 위기는 매일 기회가 됩니다.

있는 그대로의 모습도 긍정해줄 수 있어야 합니다

부모들은 잔소리를 해서라도 올바른 습관을 길러주는 게 아이를 위한 길이라고 생각합니다. 옷 매무새를 단정히 하고, 밖에서 돌아오면 손을 씻고, 글씨를 또박또박 쓰고, 어른을 만나면 인사를 잘하는 편이 그렇지 않은 것보다 나으니까요. 그리고 아이가 지금 잘 못 하는 부분, 아이가 아직 깨닫지 못한 것을 차근차근 가르쳐주면 아이는 지금보다 더 크게 성장할 거라고 여깁니다. 이것이 잔소리를 하는 목적이지요.

하지만 입장을 바꿔 생각해봅시다. "지금의 너는 이런 모습이지만, 앞으로 이렇게 바뀌면 좋겠다"는 말은 아이의 입장에서 들으면 '지금의 너를 받아주지 않겠다'는 신호나 다름없습니다. 반면 잔소리를 하지 않고 아이에 대한 믿음을 표현하며 지켜봐주는 것은 '눈앞의 너를 있는 그대로 받아주겠다'는 입장 표명이기도 합니다.

당신이 아이였을 때 주변의 어른들은 어땠나요? 함께 있으면 마음이 불편했던 어른이 있었을 겁니다. 반대로, 어떤 어른 앞에선 왠지 마음이 차분해지고 편안하게 안정되는 걸 느꼈을 겁니다.

힘들 때 만나고 싶지 않은 사람이 있는 반면, 힘드니까 더 만나고 싶은 사람이 있습니다. 후자는 결국 '만나면 치유받는 것 같은 사람', 즉 있는 그대로의 내 모습을 받아주는 상대입니다. 아이에게 어떤 상대가 되고 싶은가요? 부모와 집이 바로 그런 존재이자 공간이라는 확신이야말로 아이가 성장하고 발달하는 데 있어 최고의 자양분입니다.

부모가 시켜야 간신히 한다고 생각될 때

"너는 꼭 시켜야 하니?"

"네가 스스로 하기 전에 시켜서 미안해."

초등학교 6학년 예성이의 엄마는 시키지 않으면 예성이가 옷도 안 갈아입고, 밥도 안 먹고, 숙제도 안 한다고 걱정하고 있었습니다. 시키면 억지로 하지만 대충 해서 마음에 안 든다고도 했습니다. 저는 예성이가 스스로 할 때까지 지켜보는 것이 어떻겠느냐고, 그것이 육아의 기본 방침이라고 조언했습니다. 그러자 예성이 엄마가 화난 목소리로 물었습니다.

"그러면 우리 애는 숙제도 안 하고 목욕도 안 할 겁니다. 아마 학교에도 안 갈 거예요. 만약 그렇게 되면 선생님이 책임지실 거예요?"

그리고는 해결책을 달라고 했습니다. 육아 스트레스로 인한 압박감이 컸나 봅니다.

"우리 애는 선생님이 지금까지 만나본 아이들과 달라요. 어지르는 게 보통 수준이 아니에요. 심각할 정도로 어수선합니다. 그런 아이에게 어떻게 말을 해야 자기가 할 일을 자발적으로 할 수 있는지, 그 방법을 알려주세요."

저는 단호하게 그런 방법을 알려주는 곳을 찾아가라고 했습니다. 그리고 "만약 제 조언을 시도해볼 마음이 생기면 그때 다시 오세요"라고 말하고 돌려보냈습니다.

그로부터 2~3개월쯤 지나 새 학기를 앞두고 예성이 엄마가 낙담한 표정으로 다시 찾아왔습니다. 예성이의 습관을 전혀 고치지 못했을 뿐 아니라 관계만 더 악화될 것 같다고 했습니다. 그래서 "지금까지 어머님께서 해온 방식으로는 상황이 나아지지 않았으니, 속는 셈 치고 한 달만이라도 잔소리를 안 해보는 건 어떨까요? 만약 효과가 없다면 그때 다른 방법을 찾아보면 되니까요"라고 제안했습니다. 그리고 기왕에 할 거면 철저하게 잔소리를 금지해야 한다고 강조했습니다.

예성이 엄마와 얘기를 나누다 보니 '엄마로서 역할을 완벽하게 해내야 한다'는 책임감에 짓눌려 살아온 세월이 느껴졌습니다. 그 책임감이 아이에게 잔소리를 하게 만들고 육아 스트레스의 원인이 된 것 같았습니다. 그 후 약 한 달간 여러 차례 상담을 진행했는데, 다행스럽게도 예성이 엄마는 잔소리를 하지 않겠다는 원칙을 잘 지켰고 '완벽한 엄마로서의 책임감'에서도 서서히 벗어났습니다. 예성이를 바라보는 시선도 점점 긍정적으로 바뀌었습니다.

"새 학기가 시작된 후 잔소리를 안 하려고 신경 썼더니 예성이가 달라졌어요. 예전엔 제 눈을 피해 다니며 게임을 했는데, 잔소리를 하지 않는다는 걸 알고 나서 제가 요리하는 동안 제 옆에서 당당하게 게임을 하네요."

"어느 날 예성이가 물었습니다. '엄마, 왜 이래라저래라 안 해?' 한 달간 잔소리를 하지 않기로 했다고, 상담하면서 선생님과 나눈 얘기를 들려주었습니다. 예성이는 무척 기쁜 듯 이렇게 말했습니다.

'그 상담선생님 좋은 분이네!' 그 말에 우리 둘 다 웃었어요."

"예성이는 무슨 일이든 시키지 않으면 절대 안 하는 아이였는데, 지
금은 말을 꺼내기 전에 가방을 들고 식탁에 와서 스스로 숙제를 해
요. 저녁식사 직후가 아니라, 목욕을 하고 TV를 보고 밤 10시가 지
나서 할 때도 있지만요. 아침에도 몇 번씩 큰 소리로 깨워도 좀체
일어나지 않던 아이가 스스로 일어나기도 해요. 예전엔 어르고 윽
박질러야 일어났거든요."

"예성이가 제게 점점 가까이 오는 게 느껴져요. 집에 오면 친구들과
있었던 일이나 학교에서 있었던 일, 선생님이 해준 말을 들려줍니
다. 아이도 저처럼 얘기하는 걸 좋아한다는 걸 알았어요."

"지금까지는 제가 도와주지 않으면 뭐든 할 수 없는 아이라고 단정
짓고 아이를 대했던 것 같아요. 가끔은 예성이를 보면서 제 어릴
적 모습을 떠올리곤 해요. 저 자신도 믿을 수 없지만, 이젠 아들이
'뭐든지 혼자서도 잘할 수 있는 아이'로 보입니다."

"아이를 믿고 보니, 예성이는 여태껏 뭐든 스스로 해왔네요. 학교에
서 가져온 프린트물을 식탁 위에 올려놓고 '도장 찍어주세요'라고
말하고, 야구를 하고 돌아오면 스파이크의 흙도 직접 털어냈고요.
도시락도 설거지통에 내놓고, 스타킹과 유니폼도 세탁바구니에
꺼내놓는 아이였어요."

상담이 거듭될수록 예성이 엄마의 표정이 점점 편안해졌습니다. 마지막 상담 때는 처음 만났을 때와는 완전히 달라져 있었습니다.

"저는 미처 알지 못했던 겁니다. '내 아이는 이랬으면 좋겠다'고 생각한 바로 그 모습이 예성이라는 것을요. 뭐든 스스로 할 수 있고, 부모에게 뭐든지 얘기해주는 아이요. 자기 아이의 진짜 모습도 파악하지 못한 구제불능 엄마인데도 아이는 빨랫감이나 도시락을 건넬 때마다 제게 '고맙습니다'라고 말해주고 있었어요. 그런데 제가 필사적으로 잔소리할 거리를 찾느라 아이의 단점에만 집중하고 '고맙습니다' 소리를 듣지 않았던 겁니다. 잔소리를 그만두니 아이의 장점이 보이더라고요."

이처럼 단기간에 극적인 변화를 겪는 경우는 흔치 않지만, 완벽한 육아를 하느라 정말 봐야 할 것을 못 보는 사례들은 많습니다. 예성이와 예성이 엄마 사이엔 여러 변화가 있었지만, 가장 큰 변화는 아이가 아니라 부모의 마음이 바뀌었다는 것, 부모가 보는 세계가 바뀌었다는 것입니다.

부모가 돌볼 수 있는 시기는 생각보다 짧습니다

부모는 언제까지나 아이를 돌봐야 한다고 생각하기 쉽지만, 그렇지 않습니다. 일어나서 잠잘 때까지 먹는 것 입는 것 모두 부모가 돌봐줄 수 있는 시간은 순식간에 지나갑니다.

중학생이 되면 더 이상 그들의 세계를 부모는 들여다볼 수 없습니다. 고등학교, 대학교에 가면 점점 더 그렇습니다. 시간이 훌쩍 지나면 어쩌다 가끔 마음속에 떠오르는 정도가 됩니다 (심리적 분리가 잘된 경우에만 그렇습니다만).

그렇기에 아이가 부모 말에 민감하게 반응하고 자신의 모든 것을 부모에게 온전히 기대는 이 시기는 매우 귀중합니다. 그러니 '네가 있어서 나는 행복하다'라는 메시지를 꾸준히 아이에게 전하세요. 아이와 부모 모두의 행복을 위해 그보다 중요한 일은 없습니다.

놀이공원에서 큰 소리로 떠들 때

◆ 무심코 하는 말 ◆

"그렇게 떠들면 다신 안 데려올 거야!"

◆ 성장의 기회를 주는 말 ◆

"오늘은 절대 잔소리 안 할게!"

큰아들이 초등학교 6학년이었을 때 큰아들과 그 친구들을 놀이
공원에 데려간 적이 있었습니다. 우리 집에서 차로 두 시간 정
도 떨어진 곳이었는데, 차 안에서부터 아이들은 놀이공원에서
즐겁게 놀 생각에 들떠서는 계속 큰 소리로 떠들었습니다. 넓은
놀이공원 주차장에 도착해서 잠시 걸어가니 입구 쪽에 사람들
이 길게 줄을 선 광경이 눈에 들어왔습니다. 우리 아이도 전속
력으로 달려가서 줄을 섰습니다.

사람들이 워낙 많아 매표를 하는데도 꽤 오래 기다려야 했습니다. 줄을 선 아이들은 기다리는 게 지루한지 숨바꼭질을 하거나, 누군가가 게임기를 꺼내면 그 친구를 중심으로 빙 둘러서서는 소란스럽게 떠들어댔습니다. 우리 아이들만 시끌벅적한 건 아니었습니다. 대기시간이 길어질수록 사람들은 삼삼오오 모여서 수다를 떨었습니다. 특히 아이들이 있는 곳이면 어김없이 시끌시끌했습니다.

그런데 어느 순간 한쪽에서 짜증 섞인 목소리가 들려왔습니다. 소리 나는 쪽을 보니 유치원생과 초등학생쯤으로 보이는 형제를 부모가 혼내고 있었습니다.

"차 안에서도 그렇게 혼났으면서 아직도 정신 못 차렸니?"
"이번에 또 떠들면 바로 집에 돌아갈 거야!"
"똑바로 줄 서라고 했지!"

놀이공원 입장을 앞두고 아이들은 들떠서 떠들었을 텐데, 마치 담임선생님이 수업 시간에 떠든다고 혼내듯 언성을 높이며 혼내는 부모가 이해되지 않았습니다. 아이들이 다른 사람한테 심각한 피해를 줬다면 '안 된다'고 따끔하게 훈육할 필요가 있지만, 그 아이들은 그저 신나서 맘껏 놀았을 뿐이거든요. 교실이 아닌 놀이공원에서요.

놀러 가는 날엔 잔소리를 멈춰보세요

놀러 가는 날, 신나서 떠드는 아이에게 화를 내는 부모는 어떤 마음일까요?

한 가지 가능성은, 부모 자신이 어릴 때 재미있는 곳에 가서 떠들 때마다 혼난 경험이 있을지 모릅니다. 그래서 부모가 된 지금, 무의식적으로 '내가 그 역할을 해야 한다'고 생각하는 경우일 수 있습니다.

또 다른 가능성은, 타인의 시선이 두려운 경우입니다. 다른 사람들이 '아이들이 시끄럽게 떠드는데, 부모가 주의도 안 주네'라고 비난할까 봐 강박적으로 아이들을 훈육할 수도 있습니다. 정말 이런 이유라면 부모 먼저 타인의 시선으로부터 해방될 필요가 있습니다.

'아이를 기쁘게 해주기 위해 왔다'는 목적을 잊지 말고 주변에 있는 사람들에게 "우리 아이 때문에 불쾌하셨다면 죄송합니다! 집에 가서 잘 알아듣게 타이르겠습니다!"라고 신속히 사과한다면 부모의 마음은 훨씬 편해지고 아이들은 혼나지 않고 신나게 놀 수 있습니다.

가장 좋은 방법은 놀이공원에 가는 날만큼은 잔소리를 멈추는 것입니다. 그러면 부모도 아이도 무척 편해집니다. "아침에 집을 나서면서 저녁에 돌아갈 때까지 오늘은 잔소리 없는 날이다. 신나게 놀자!"라고 선언하는 겁니다. 잠깐 남의 집 아이를 맡은 것처럼 우리 아이를 대하는 것도 좋을 듯합니다.

'부모인 내가 세세하게 주의를 주지 않으면 아이는 아무렇지 않게 다른 사람들에게 폐를 끼칠 수 있다.'
'위험한 행동을 해서 자신과 다른 사람들에게 상처를 입힐지도 모른다.'

이런 걱정 때문에 외출할 때마다 아이에게 이런저런 제한을 두고 화내는 일이 잦다면 꼭 '잔소리 멈추기'에 도전해보기 바랍니다. '떠드는 아이를 그냥 둬선 안 된다'는 강박관념에서 해방되면서 새로운 세계가 열릴 것입니다.

감사한 마음은 반드시
말로 표현하기

저는 상담을 하면서 '바로 이 방법이다'라고 단정하는 취지의 조언은 많이 하지 않습니다. 어떻게 하면 좋을지는 부모의 양육 방식이나 상황에 따라 달라서 일괄적으로 말하기 어려운 경우가 많기 때문입니다. 그런데 모든 가정에 일괄적으로 말할 수 있는 게 딱 하나 있습니다. 바로 '감사의 말 전하기'입니다.

가족의 일상은 서로에게 감사할 장면으로 넘쳐납니다. 저는 오늘 아침에도 아내에게 "욕실 쓰레기통 치워줘서 고마워"라고 말했습니다. 그제 머리카락과 쓰레기가 쌓여 있는 것을 보았지만 내일 해야지 생각만 하고 그냥 두었고, 어젯밤에 목욕하면서 욕실이 깨끗해졌다는 걸 느꼈지만 아내에게 고맙다고 말하는 걸 깜빡했습니다. 그리고 오늘 아침, 생각난 즉시 곧바로 감사의 마음을 말로 표현한 것입니다.

감사한 마음을 표현하면 이런 점이 좋아요

그런데 참 간단해 보이는 이 행동이 귀찮을 때가 있고, 감사함을 알아차리지 못하고 지나칠 때도 많습니다. 그래서 감사함을 느끼거나 알아차리면 바로 표현해야 합니다.

감사한 마음을 표현하면 좋은 점이 세 가지 있습니다.

첫째, 자기 마음에 민감해지고 말 걸기 능력이 향상됩니다.

상대방이 해준 일을 인지한다 → 마음이 움직인다 → 감정 변화를 인지한다 → 감정을 언어로 표현한다

감사함을 표현하기까지 이 과정을 거치다 보니 내 마음을 파악하고, 어휘를 선택하는 능력이 좋아질 수밖에 없습니다. 감사함을 표현하는 말로는 "많은 도움이 되었어", "항상 고마워", "기뻐", "많이 힘들었지? 기억해줬구나" 등이 있

습니다.

둘째, 보는 눈이 생깁니다. 가족이 무언가를 해주었다는 걸 알아차리는 것은 물론, 가족에게 뭔가 좋은 일이 생겼거나 긍정적인 말을 해줄 만한 장면을 잘 포착하게 됩니다. 이것은 누군가의 흠집을 찾는 것과는 정반대의 관점으로, 가족에게 의외의 기쁨을 줄 수 있습니다.

셋째, 이러한 소통 과정을 아이가 간접경험으로 배울 수 있습니다. 감사의 마음을 어떻게 전해야 하는지를 다양한 장면에서 보고 자라기 때문에 아이는 저절로 익힙니다. 감사의 마음을 전하는 방법을 집에서 어려서부터 교육하는 것입니다.

학교에서 전화가 걸려왔을 때

◆ 무심코 하는 말 ◆

"학교에서 얌전하게 좀 굴어라!"

◆ 성장의 기회를 주는 말 ◆

"선생님이 널 무척 좋아하시나 봐."

하루 일과를 마치고 쉬려고 하는데 학교에서 전화가 오면 온 식구가 스트레스에 휩싸인다는 하소연을 부모들에게 종종 듣습니다. 그런 분들이 조금이라도 마음이 편해지면 좋겠다는 생각에서 저희 집에서 있었던 일을 소개합니다.

첫째와 둘째 아들이 중학교에 다녔을 때 가끔 저녁 7시면 우리 집으로 전화가 걸려오곤 했습니다. 발신지는 아이들이 다니는 중학교였습니다. 통화 내용은 대부분 '친구와 다퉈서 옷의 단추가 떨어졌다', '점심시간에 교문 밖으로 나가서 주의를 받았다'와 같이 아이들이 학교에서 저지른 일들에 대한 것이었습니다.

그럴 때마다 저는 선생님께 사과만 했습니다. "저희 아이 일로 신경 쓰이게 해드려 죄송합니다"라고요. 그리고 이렇게 덧붙였습니다. "일부러 연락 주셔서 고맙습니다. 다른 아이 집에 사과 전화를 해야 한다면 그 집 부모님께 연락드리겠습니다. 부서진 게 있다면 변상도 당연히 하겠습니다." 그러면 대체로 "아닙니다. 따로 하실 일은 없습니다. 그냥 알아두셔야 할 것 같아서요. 아드님과도 얘기는 했습니다"라고 선생님은 말씀하셨습니다. 저는 "손이 많이 가는 아이이지만 선생님 덕분에 활기차게 학교에 잘 다니고 있습니다. 항상 고맙습니다"라고 감사의 마음을 전하고 전화를 끊었습니다.

그렇게 자주 학교에서 전화를 받았어도 한 번도 아이한테는 학교에서 전화가 왔다는 사실을 알리지 않았습니다. 그건 우리 부부의 대원칙입니다. 아이가 함께 있으면 전화가 온 걸 아이가 자연스럽게 알게 되겠지만, 그때도 내용은 알려주지 않았습니다. 선생님이 무슨 말을 했는지 대강 아는 아이라면 학교에서 있었던 일을 스스로 고백하는 경우도 있겠지만, 안 할 때가 더 많았습니다.

아이가 먼저 쭈뼛거리며 "선생님이 뭐라고 하셔?"라고 물을 때도 있었습니다. 그럴 땐 "응, 뭐 여러 가지 일들이 있지만, 선생님은 너를 너무 좋아한다고 전해달라셨어"라고 말해주었습니다. 그러면 아이는 한숨 놓았다는 표정으로 "그런 말을 할 리가 없지"라며 웃었습니다.

하루가 무사히 지나간 것으로 충분합니다

'학교에서 전화 온 사실을 아이에게 절대 알리지 않는다.'

이것은 아이들이 어린이집에 다닐 때부터 우리 부부가 지켜온 방침입니다. 아이가 학교에서 어떤 일을 벌였든 오늘 하루를 잘 지냈고 선생님이 잘 보살펴주신 것으로 충분하다고 생각했습니다. 그래서 학교에서 있었던 일로 잔소리를 하진 않았습니다. 밖에서 있었던 일로 집에서까지 다그치거나 혼내면 아이는 물론 부모 마음까지 평온함이 깨져서 집안 분위기가 엉망이 될 것이 뻔하기 때문입니다.

"사안에 따라선 집에서도 주의를 줘야 하지 않을까요?"

이런 질문을 많이 받는데, 사안에 따라 아이를 다르게 대한다면 그때마다 주의를 줘야 하는지 아닌지를 고민하게 되고, 그로 인해 아이에게 불필요한 화를 내게 될지도 모릅니다. 그래서 '어떤 사안이든 학교에서 오는 전화는 아이에게 알리지 않는다'를 고수하는 겁니다. 이렇게 하면 집에서 편히 쉬고 있는 아이와 부모 모두를 불필요한 스트레스로부터 지켜낼 수 있습니다.

물론 부모로서 한마디 하는 게 좋겠다는 생각이 들 때는 집에서 충분히 대화를 할 생각이지만, 20년 넘게 네 아이를 키우면서 그런 일은 한 번도 없었습니다.

다만, 이 원칙은 '우리 집에선 나름대로 괜찮았다'는 것이지 '꼭 이렇게 하라'는 뜻은 아닙니다.

반항적인 말만 할 때

◆ **무심코 하는 말** ◆

"그게 부모한테 할 소리야!"

◆ **성장의 기회를 주는 말** ◆

"너 좀 세게 말하는데?"

5학년 승후 아빠가 "아이가 일부러 부모를 화나게 하는데 어떻게 대처하면 좋으냐"며 상담을 요청해왔습니다. 승후 아빠의 말을 들으니, 승후는 일부러 해야 할 일을 하지 않거나 큰 소리로 엄마한테 예의 없게 말을 해서 아빠의 화를 돋웠습니다. 그럴 때마다 승후 아빠는 화를 크게 냈다고 합니다. 그래도 승후의 반항적인 행동은 계속 됐지요.

　이런 경우, 단번에 아이의 행동을 고칠 방법은 없습니다. 그

나마 효과적인 방법은 아이의 도발에 화나 분노로 반응하지 않고 차분하게 대화를 함으로써 부모만이 할 수 있는 최고의 용기를 보여주는 것입니다. 화가 나지만 언성을 높이거나 무서운 표정을 짓지 않고도 그 상황을 잘 넘길 수 있다는 표본을 행동으로 보여주는 것이죠.

아이가 반항하는 원인이 부모일 수도 있습니다

인생을 살아가면서 아이들은 의견이 대립하거나 의견을 조율해야 하는 상황을 무수히 맞닥뜨릴 것입니다. 의견 대립이나 조율의 상대는 부모보다 훨씬 위험한 사람일 수도 있고, 전혀 친절하지 않은 방식으로 싸움을 걸어올 수도 있습니다. 그런 상황을 대비해 친절하고 안전한 상대인 부모와 미리 대처 방법을 연습할 수 있다는 것은 미래에 누군가와 대립해야 하는 상황에서 아이를 지켜주는 힘이 됩니다.

저는 승후 아빠에게 같은 말을 해주면서 '이건 곤란한 문제가 아니라 기회라고 받아들이라'고 조언했습니다. 처음에 승후 아빠는 "머리로는 알겠는데, 막상 아이가 도발을 하면 버럭 화를 내게 된다"면서 좀처럼 잘되지 않는다고 하소연했습니다.

그런데 이야기하다 보니 승후의 문제는 승후 아빠로부터 시작되었을 거라는 짐작이 들었습니다. 승후 아빠는 말보다 손이 먼저 나가는 사람이었습니다. 심지어 승후가 보는 앞에서 아내에게 버럭 소리를 지르거나 폭력을 휘두른 적도 있다고 했습니다. 승후 아빠의 폭력성이 어디에서 왔는지를 알아보기 위해 상담을 진행했더니 어릴 적 부모로부터 폭행을 당한 경험이 있었습니다. 절대 그런 부모가 되지 않겠다고 결심했지만, 승후가 버릇없는 소리를 하면 자신에게 폭력을 휘두른 부모와 자신의 모습이 겹쳐지면서 이성을 잃고 말았습니다. 즉 부모로서 승후를 대한 게 아니라, 예전에 부모로부터 받은 폭력의 공포가 되살아나면서 주먹이 먼저 나갔던 것입니다.

저는 승후 아빠에게 아이의 문제행동보다 아빠의 폭력성부터 다스릴 것을 권유했고, 승후 아빠는 분노를 느낄 때마다 자신의 마음을 알아차리는 것을 의도적으로 연습하며 폭력성을 차츰 줄여갔습니다. 그리고 아이의 도발에도 버럭 화를 내지 않고 대화로 상황을 이끌어갈 수 있게 되었습니다.

너무 강한 훈육은 아이를 폭력적으로 만듭니다

육아를 하다 보면 아이가 일부러 부모를 화나게 하는 경우가 있습니다. 그럴 땐 화를 내서라도 '해서는 안 되는 행동'에 대해 강하게 훈육해야 한다고 생각하는 부모들이 많습니다.

그런데 화를 내서 아이의 행동을 제압한다고 아이의 행동이 개선될까요? 아닙니다. 화를 내는 것은 행동 개선에 효과가 없을 뿐만 아니라, 다른 사람과의 관계에서 폭언과 폭력에 굴복하는 성향을 키울 수 있습니다. 폭력이 행동을 결정하는 기준이 되면 '도움을 구하는 나는 나약하고 형편없는 존재'라고 생각하게 됩니다. 더 심한 경우 상대방, 예를 들어 결혼한 후엔 배우자를, 아이가 태어나면 아이를 폭력으로 억누르려고 할지도 모릅니다.

그러나 화내지 않고 대응하면서 '폭력은 안 된다'라는 원칙을 확실히 전달하면 아이가 앞으로 겪을 의견 대립이나 조율 과정에서 폭력을 쓰거나 폭력에 굴복할 가능성은 줄어듭니다. 여기에 더해, 다른 사람(학교에서라면 친구나 선생님)에게 도움을 요청하는 것은 부끄러운 일도 비겁한 일도 아니며 정당하고 당연한 행동이라고 알려준다면 위험에 처했을 때 명확한 도움 신호를 보낼 수 있고, 폭력적인 교섭에 대해 거절의 뜻을 표현할 수 있게 됩니다.

승후 아빠는 '아들이 밖에서도 무례하게 행동하다가 큰코다치지 않을까'도 우려했습니다. 저는 이 점도 그다지 걱정할 문제가 아니라고 조언했습니다. 승후 아빠가 말하는 '밖에서'란 교우관계를 뜻할 텐데, 아이는 어느 날 갑자기 사회에 나가는 게 아니라 어린이집과 유치원, 그리고 초등학교, 중학교 등 단계를 밟아가며 천천히 성장합니다. 그 과정에서 상대방에 대한 분노도 친근함도 공격성도 애착도 완력이나 언어와 마찬가지로 서서히 자라납니다. 다양한 친구들을 만나면서 큰코다치는 일이 생기기도 하겠지만, 시행착오를 거치며 그 상황을 피하거나 극복하거나 벗어날 수 있는 방법을 배워갈 것입니다.

화내는 것보다
꾸중하는 게 더 낫습니다

많은 육아 서적에서 화내는 것보다 꾸중하는 게 더 낫다는 말을 합니다. 화내는 것과 꾸중하는 것은 어떤 차이가 있으며, 꾸중하는 게 더 낫다고 하는 이유는 뭘까요?

우선 화내는 것과 꾸중하는 것의 차이를 알아봅시다.

화내는 것은 자제력을 잃은 상황으로, '눈앞의 현실을 받아들이고 싶지 않다'는 거부의 표시입니다. 아이가 무언가 바람직하지 않은 행동을 했을 때 화를 내는 부모의 반응은 혼란에 빠진 자신의 감정을 언어뿐만 아니라 목소리나 표정으로 드러낸 상태라고 할 수 있습니다.

반면 꾸중하는 것은 감정이 개입되지 않은 상태로, "네가 한 일 중에서 이 부분이 이렇게 된 건 옳지 않아. 그 이유

161

는 이러이러하기 때문이야" 식으로 어느 정도 '냉정하게 전달'됩니다.

즉 꾸중하는 것이 화내는 것보다 더 바람직한 이유는 전달하고 싶은 내용을 확실히 전달할 수 있고, 폭력을 쓰지 않고 잘못된 점을 바로잡는 부모의 모습을 아이에게 보여줄 수 있기 때문입니다.

화를 내는 건 폭력입니다

화가 나서 감정적으로 윽박지르고 쥐어박으면서 억지로 말을 듣게 하는 건 아이의 입장에서 위협이기 때문에 부모가 깨닫지 못하는 사이에 아이는 깊은 상처를 받습니다. 그리고 앞에서도 적었지만, 그런 방식을 당연한 것으로 받아들여서 자신이 그렇게 행동할 수도 있고, 폭력에 쉽게 굴복해버리는 일이 생길 수도 있습니다.

섬세하고 감성적인 아이의 경우 교실에서 선생님이 다른 아이에게 호통치는 모습을 보고 상처받는 일도 빈번합니다. '그 정도 일로 상처받으면 앞으로 이 험한 세상을 어떻게 살아갈 거야? 더 강해져야 해'라고 생각하는 부모도 있겠지만, 오히려 섬세하고 감성적인 성향을 인정하는 것이 더 현실적입니다.

혼이 나도 아무렇지 않아 하는 아이들은 훈련으로 그런 성향을 기른 게 아닙니다. '감정에 대한 둔감성'을 갖고 태어난 것이지요. 집 밖에서의 혹독한 경험은 아이가 극복할 일이지만, 부모까지 집 밖의 세상과 한편이 되어 아이에게 상처 줄 필요는 없습니다.

그러니 아이가 옳지 않은 일을 했을 때는 부모가 혼란에 빠져 감정을 분출할 게 아니라, 용기를 내 현실을 직시한 다음 제대로 문제를 파악하고 냉정하게 꾸중해야 합니다. '이건 위기가 아니다. 아이가 학교와 사회에서 난처한 일에 맞닥뜨렸을 때 어떻게 행동해야 하는지를 보여주는 소중한 기회다'라고 마음을 다잡고서 말입니다.

Part 5

아이에게
믿음을
쌓는 말

아이는 부모가 생각하는 것보다 세상의 일이나 자기 자신에 대해 더 많이 고민합니다. 그리고 부모가 언제나 '마음의 안식처'로 곁에 있어주길 기대합니다. 부모로부터 떨어지고 싶으면서도 부모에게 의지하고 싶어 하고, '부모님은 언제나 나를 믿고 생각해준다'는 확신을 갖고 싶어 합니다. 성인이 되기 전에, 완전히 부모 곁을 떠나기 전에 '너는 나의 소중한 보물이야' 라는 표현을 많이 해준다면 아이의 마음속에 계속 남아서 평생 아이를 지켜줄 것입니다.

옷을 벗어 아무 데나 둘 때

◆ 무심코 하는 말 ◆

"빨래는 세탁기에 넣으라고 했지!"

◆ 믿음을 쌓는 생각 ◆

'정리는 좋은 운동이군!'

아이가 학교에서 돌아온 뒤에 스스로 옷이나 가방을 정리하는 건 정말 대견한 일입니다. 그런데 대부분의 아이들은 그렇지 못합니다. 옷을 벗어서는 아무 데나 내팽개치죠.

우리 집 아이들도 직접 정리하는 법이 없었습니다. 그래서 처음엔 정리하라고 주의를 주고 정리법을 친절히 알려도 주었지만 별로 나아지지 않았습니다. 제가 원하는 만큼 정리하게 하려면 잔소리를 끊임없이 하고 잘했는지 확인하는 수밖에 없었습니다. 하지만 잔소리를 계속 하는 건 제게도 버거운 일이고 아이들에게는 괴로운 일이라는 생각에 정리는 제가 직접 했습니다.

그래도 정리하는 모습을 아이들에게 보여줘야겠다는 생각에 현관에 들어서면 바로 보이는 벽에 몇 개의 고리를 설치했습니다. 학교 갈 때 입었던 외투와 가방을 걸 용도로요. 그러고 나니 세 아이들의 외투와 가방을 정리하는 데 걸리는 시간이 2~3분으로 줄었습니다.

때가 되면 저절로 합니다

아이들의 버릇을 잘못 들이는 거 아니냐고 하는 분들도 있는데, 저는 정리를 잘하는 아이로 키우는 것보다 집에선 아이가 무조건 편히 쉬게 하는 것을 육아의 목표로 삼았기 때문에 아무렇지 않았습니다. 그리고 아이들이 중학교에 들어가면서는 옷을 제자리에 걸어두기 시작했기 때문에 제가 직접 정리한 건 불과 몇 년뿐이었습니다.

그 기간 동안에도 저는 '아이들이 언젠가는 스스로 정리하게 될 거야'라는 기대는 하지 않았습니다. 만약 그런 기대를 했다면 아이들의 옷을 정리하는 내내 '언제쯤이면 내가 이 일을 안 하게 될까'라며 불만을 품었겠지요.

아이들이 집에서만큼은 편히 쉬면서 에너지를 회복하고, 그 에너지로 집 밖의 냉혹한 사회에서 살아남으면 좋겠다는 것이 제 육아에서 가장 중요한 목표입니다. 집에서 편히 지내다 보면 마음에 여유가 생깁니다. 그러면 살아가는 걸 즐기고 자기 자신을 소중히 여기는 아이로 자랄 가능성 또한 높아질 것입니다. 시련을 견딜 수 있는 힘, 거부하고 싶은 상황에서 얼른 박차고 나오는 힘도 키워질 것입니다.

여담이지만, 집안일을 하면서 소비되는 열량은 헬스클럽에서 운동하며 소비되는 열량과 비슷하다고 합니다. 그러므로 아이 옷을 정리할 때 '나는 지금 헬스클럽에서 운동하고 있다'고 생각하세요. 돈도 안 들고, 아이는 잔소리를 안 들어도 되고, 방은 깨끗하게 정리되니 1석 3조의 효과를 거둘 수 있습니다.

아이가 실패했을 때

◆ **무심코 하는 말** ◆

"엄마가 시키는 대로 했으면 이렇게 안 됐잖아!"

◆ **믿음을 쌓는 말** ◆

"힘들었지?"

지인이 어느 날 스마트폰으로 지도 이미지를 보내왔습니다. 중학교 3학년 딸에게 모의고사 시험 장소 지도를 보내고 어떻게 가야 하는지를 설명한 내용이었습니다. 지인은 "우리 아이는 이런 걸 제대로 못 해서 길을 자주 잃어버려요"라고 말하면서 뿌듯한 표정을 지었습니다. '이 아이는 미덥지 않으니까 내가 도와줘야 한다', '이 아이는 아직 내 곁에 있다', '이 아이는 나의 도움을 계속 필요로 한다'라고 생각하면서 안심하는 것 같았습니다.

또 다른 지인은 고등학생인 아들이 여름방학 때 미국에 사는 사촌한테 놀러 가기로 하고 직접 여행 계획을 세운 이야기를 해주었습니다. 비행기 표도 인터넷으로 알아봐서 아이가 직접 예약을 했다고 합니다. 그런데 아이가 선택한 루트는 부모가 볼 때 갈아타는 시간이 많이 낭비되는, 매우 불편한 루트였습니다. 그래서 아빠가 "더 좋은 루트가 있어"라고 조언하자 아이는 화를 냈고, 결국 여행 자체가 없었던 일이 되어버렸다고 했습니다. 비용은 부모가 추천한 루트나 아이가 직접 찾은 루트나 큰 차이가 없었습니다.

그래서 지인에게 "아들이 선택한 루트로 그냥 가게 두었다면 어땠을까?" 하고 물으니 이렇게 대답했습니다. "갈아타려고 공항에서 몇 시간씩 허비하는 것보다 일찍 목적지에 도착할 수 있는 쪽이 좋은 건 당연하잖아. 그런 것도 모르다니, 애한테 정말 실망했어!" 지인은 아직도 화가 안 풀린 듯했습니다.

두 지인 모두 자녀가 스스로 선택해서 즐기거나 고생하면서 배워가는 경험의 소중함을 존중하지 않은 것 같아 듣는 내내 안타까웠습니다. 잠깐 어린 시절을 떠올려보면, 저도 부모님에게서 많은 조언을 듣고 자랐고 그런 조언이 고맙긴 했지만, 내가 직접 경험해서 깨닫고 싶은 마음을 알아주지 않는 것 같아 서운한 적이 많았습니다. 두 지인의 자녀들도 저와 같은 마음이 었을 것 같습니다.

실패도 아이에겐 기회입니다

정말 아이를 위하고 싶다면 입바른 조언을 해서 사이가 냉랭해 지는 것보다, 부적절하고 미숙해 보이는 선택을 하는 아이의 모 습을 지켜봐주는 게 좋습니다. 올바름을 강요하는 것이 언제나 아이를 위한 최선의 길은 아니니까요. 물론 누가 봐도 실패가 확실할 때, 예를 들면 수험표나 여권을 두고 집을 나서려고 한 다면 "중요한 걸 빠트렸어!" 정도의 지적은 해주는 게 맞습니다.

〈엄마는 자식을 떠나보내기 위해 존재한다〉

이것은 에르나 퍼먼이라는 심리학자의 유명한 논문 제목입 니다. 이 논문에는 부모가 도와주거나 이끌어주지 않아도, 아니 오히려 돕지 않고 이끌어주지 않을 때 아이가 확실하게 자립할 수 있다고 적혀 있습니다. 퍼먼은 이유식에 관심을 갖게 하려고 유도하지 않아도 아이는 호기심에 이끌려 여러 가지 음식에 관심을 갖는다면서, 모유를 최고로 여겼던 아이가 성장해가는 모습을 보면 오히려 엄마가 쓸쓸함을 느낀다고 지적합니다.

아이들은 언제까지나 부모에게 기대고 싶어 하지 않습니다. 적절한 시기가 되면 부모로부터 독립해 온전한 인격체로 살아가길 원할 것입니다. 그러므로 부모가 해야 할 일은 '아이가 가벼운 마음으로 떠날 수 있도록 그 자리에 있는 것'이라고 퍼먼은 주장합니다.

'존재한다'는 말은 무척 흥미롭습니다. 아이 입장에서 곤경에 처하거나 고독을 느낄 때 돌아보면 부모가 자리를 지키고 있다는 것은 불안한 독립의 첫발을 견뎌낼 수 있는 든든한 지지대가 됩니다. 또한 부모가 아이의 선택을 존중하고, 필요할 땐 언제든 안전한 부모의 품으로 돌아와도 된다는 것을 의미합니다. 존재하는 것, 즉 '그 자리에 있다'는 것은 '무엇을 한다'는 것보다 훨씬 어려운 일입니다.

아이의 삶을 응원하고 싶다면

♦ 무심코 하는 말 ♦

"네가 좋아하는 걸 하며 자유롭게
살아가면 좋겠어."

♦ 믿음을 쌓는 말 ♦

"지금 이대로 좋아.
지금의 네가 참 좋다."

예전에 온라인 게시판에서 다음과 같은 글을 발견했습니다. 이

글을 읽고 여러분은 어떻게 느낄지 궁금합니다.

'1등이 돼라'고 강조하면서 아이를 키우는 부모들이 많은 것 같습

니다. 하지만 아이마다 개성과 장점이 다르니 1등만 고집하지 말

고, '열심히 하면 그걸로 충분하다'고 말해주세요. (60대 여성)

이 분은, 요즘 부모들이 아이들을 너무 다그치며 키우는 게 안타깝다며 '아이를 좀 더 따뜻한 시선으로 바라봐줄 것'을 제안하고 있습니다.

그 마음은 공감합니다. 그러나 글 중에서 '열심히 하면 그걸로 충분하다'는 문장이 마음에 걸립니다. 어디까지가 '열심히'일까요? 부모도 아이도 편해지기 위해선 '열심히 하면 그걸로 충분하다'보다는 '지금 이대로 충분해', '지금의 네가 참 좋다'처럼 아이를 있는 그대로 받아들인다는 표현을 쓰는 게 더 좋습니다.

부드러운 어조도 아이에겐 강요가 될 수 있습니다

이런 내용의 글도 있었습니다.

며칠 전 딸이 원하는 것을 쪽지에 적어서 어린이집에 가져간 일이 있었습니다. 딸아이는 자기가 원하는 걸 적은 다음 "엄마가 원하는 건 뭐야?"라고 물었습니다. 저는 "네가 어른이 돼서 좋아하는 일을 하며 돈을 많이 벌고 행복하게 사는 거야"라고 대답했습니다. 아직은 딸이 어려도 언제가 어른이 될 거라 생각하니 지금 딸과의 행복한 시간을 소중히 여겨야겠다는 다짐을 하게 됩니다. (30대 여성)

이 내용에서도 마음에 걸리는 문장이 있습니다. "엄마가 원하는 건 뭐야?"라는 아이의 물음에 '네가 이렇게 되면 좋겠어'라고 한 엄마의 대답입니다. 이 엄마는 그저 소망을 말한 것이며 딸에게 지시나 요구를 한 것이 아니라고 하겠지만, 그 말이 딸에겐 인생의 커다란 과제이자 무거운 마음의 짐이 될 수 있기 때문입니다.

"어른이 돼라."
"좋아하는 일을 하며 돈을 많이 벌어라."
"행복해라."

우리 부모들은 아이들에게 이런 소망을 자주 말합니다. 그러면 부모를 좋아하고 부모를 기쁘게 해주고 싶은 아이는 기꺼이 그 짐을 짊어질지 모릅니다. "좋아하는 일을 해", "즐겁게 살아준다면 그걸로 충분해"라는 부모의 '바람' 역시 요구가 되어 아이에게 같은 짐을 지울 수 있습니다. "좋아하는 일을 해"라는 말에는 '너는 나를 위해 즐겁게 살아야 한다', '행복해지지 않으면 안 돼'라는 의미도 함축되어 있기 때문에 아이 입장에선 긴장하게 되지요. 정말로 '아이가 원하는 대로 살길' 바란다면 아무 말도 안 하면 됩니다.

아이에게 도움이 될 것 같아서 건네는 말이 알게 모르게 아이에게 여러 가지 요구를 하게 될 수 있다는 점을 의식해야 합니다. 부모로서 그런 것까지 고려해야 한다는 게 머리 아프고 힘들 게 느껴질 수 있지만 저는 그런 부분 또한 육아의 묘미라고 생각합니다.

아이가 자해를 한다면
어떻게 받아들여야 할까?

힘들고 어려울 때 아이가 의지하는 대상은 부모입니다. 어릴 때는 크게 우는 것으로 부모에게 도움을 요청하는데, 스스로 상황을 제어하고 참을 수 있게 되면 더 이상 부모에게 도움을 요청하지 않습니다. 그만큼 아이가 성장했다는 증거이지요.

예방접종이나 치과 검진을 떠올리면 쉽게 이해가 될 거예요. 병원에만 가면 울던 아이가 네 살, 다섯 살이 되면서 우는 횟수가 줄어들고 아픈 것도 잘 참는 등 대견한 모습을 보입니다. 그러다 어느 순간 주사를 맞아도 울지 않습니다.

아이는 스스로 뿌듯함을 느끼고 싶어 하는 존재입니다.

그래서 자랄수록 상황으로 인해 느껴지는 고통을 참는 일이 늘어나는데, 잘 참는 것은 장점이기도 하지만 필요할 때 도움을 요청하지 못하는 것은 약점이 되기도 합니다. 그 균형점을 부모는 의식하고 있어야 합니다.

도와달라는 말 대신 SOS 신호를 보냅니다

도와달라는 요청을 말로 하지 못하는 아이들은 다른 형태로 도움 요청 신호를 보냅니다. 물건을 잃어버리거나, 친구들을 괴롭히거나, 숙제를 하지 않거나, 아침에 일어나지 않거나, 손톱을 물어뜯거나, 틱 증상을 보이거나, 등교를 거부하기도 합니다.

아이들이 '일부러' 그러는 게 아닙니다. '지금 너무 힘들고 괴로워'라고 직접 말하지 못해서 행동으로 부모나 선생님 등 신뢰하는 주변 어른들에게 무의식적으로 SOS 신호를 보내는 것입니다.

머리카락을 뽑는 것도 자해행위입니다

자해행위도 아이가 참다 참다 필사적으로 보내는 SOS 신호일 수 있습니다. 예를 들어 자기 손으로 머리카락을 뜯는 '발모증'은 머리카락을 뽑음으로써 '나는 지금 무척 힘들다'는 마음을 부모에게 전하는 것입니다. 발모증 아이들은 머리카락을 책상 위처럼 부모가 발견하기 쉬운 곳에 버리는데, 이는 무의식적으로 부모를 향한 메시지임을 드러내는 행동입니다. 반면, 뽑은 머리카락을 찾기 어려운 곳에 꽁꽁 감추는 경우는 발견하기 쉬운 곳에 버리는 것보다 심각한 상황이라고 할 수 있습니다.

이런 상황을 종합해볼 때 머리카락을 뽑는 발모증은 '혼내서라도 고쳐야 할 몹쓸 행동'이 아니라 아이가 자신을 지키기 위해 필사적으로 쥐어짜낸 행위로, 아이에겐 소중한 행동입니다. 그런 상황을 부모가 이해하고 받아주어야 더 심각한 자해행위를 막을 수 있습니다.

만약 부모가 아이의 초기 자해행위의 의미를 알아채지 못하면 SOS가 다른 형태, 예를 들면 가출, 원조교제 등의 비행행동이나 자살 시도, 약물 복용, 거식증 등의 형태로 나타

날 수 있습니다. 그러면 아이의 정신적·신체적 손상은 물론 부모의 고민과 스트레스도 훨씬 커집니다.

SOS 신호를 보내는 건 그나마 좋은 상황입니다

아이가 어떤 형태로든 SOS를 보내는 건 부모를 믿고 있다는 뜻입니다. '내 부모라면 이 메시지를 받아줄 거야'라고 생각하는 것이죠. 아이의 이런 SOS를 알아차리고 부모가 아이와 함께 상담을 받기 시작하면 다행입니다.

상담 초기에는 아이의 분노와 어리광이 표출되면서 고분고분했던 아이가 불만을 마구 터뜨릴지 모릅니다. "엄마 아빠 때문이야!"라면서 부모에게 화를 낼 수도 있습니다. 그럴 땐 "많이 힘들었구나. 알아주지 못해서 미안해. 어떤 일이 있어도 나는 네 편이야"라고 반복적으로 전해야 합니다. 당장은 아이가 부모의 사과를 받아주지 않겠지만, 결국 아이는 치유의 길로 반드시 들어설 것입니다.

어쩌면 퇴행이 나타날 수 있습니다. 이미 중학생인데 엄마와 같이 자겠다거나, 옷 갈아입는 걸 도와달라거나, 음식을 먹여달라는 식으로 어린아이 같은 보살핌을 요구할 수

있습니다. 발모증처럼 간접적으로 보내는 SOS가 아니라, 좀
더 직접적으로 부모에게 애정을 요구하는 형태로 SOS를 보
내는 것입니다. 그것을 부모가 거부하면 아이는 울고 화를
내기도 합니다.

아이의 급격한 변화에 당황스럽겠지만, '네가 어떤 모습
이든 사랑해'라는 긍정의 메시지를 계속 보내면서 아이와
함께 상담을 받는 것이 좋습니다. 그러면 아이는 가장 믿음
직한 동반자를 얻은 듯한 느낌을 받습니다. 그 느낌은 아이
의 향후 인생에서 강력한 지지대가 됩니다.

진로 문제로 고민할 때

◆ 무심코 하는 말 ◆

"저 학교에만 들어가면 다 해결돼!"

◆ 믿음을 쌓는 말 ◆

"수고가 많구나. 고민되나 보네."

저는 교육 전문가가 아니기 때문에 어떻게 공부하면 좋은 성적을 받을 수 있는지에 대해서는 아는 게 없습니다. 다만 공부의 의미를 어떻게 받아들이면 좋을지에 대해서는 조언을 드릴 수 있습니다.

상담하다 보면 부모가 아이의 공부와 성적에 너무 연연해서 더 소중한 것을 보지 못하는 경우를 종종 봅니다. 이 경우 '어떻게 하면 좋은 성적을 받을 수 있는지'를 아이가 고민하는 상황이라면 괜찮지만, 부모가 그 방법을 알고 싶어 한다면 문제가 될 수 있습니다.

당연한 말이지만 공부를 하는 것도, 명문 학교에 들어가는 것도, 일하는 것도 전부 행복한 인생을 살기 위한 선택입니다. 행복이라는 목적 앞에서 공부는 하나의 수단일 뿐이지요. 그런데 수단과 목적을 헷갈리는 부모들이 많습니다. 아래에 소개하는 세 가지 사례는 전부 같은 날 상담하면서 들은 내용입니다.

첫 번째 사례는 중학생 유찬이의 부모입니다.
유찬이는 초등학교 때까지 반에서 1, 2등을 다퉜습니다. 하지만 중학생이 되면서 성적이 조금 떨어졌습니다. 그래도 변함없이 상위권이었습니다. 유찬이는 친구도 많고 학교 생활도 열심히 하면서 즐겁게 지냈습니다.

그런데 유찬이의 부모는 그렇지 않았습니다. 명문고 진학을 기대했던 터라 지금 성적으로는 합격하기 힘들다면서 걱정을 했습니다. 유찬이의 공부에 관여하고 성적에 신경을 곤두세웠습니다. 부모의 극심한 성적 간섭에 스트레스를 받은 유찬이는 한밤중에 집을 나가거나, 아빠와 크게 싸워서 이웃이 경찰을 부른 일도 몇 번이나 있었습니다.

명문 고등학교에 들어가면 공부 경쟁은 더욱 치열해지고 유찬이는 더 힘들어질 텐데, 그 점에 대해서는 이렇게 생각하는지를 유찬이의 부모에게 물었습니다. 그런데 유찬이의 부모는 그런 점은 전혀 고려하지 않은 채 '어떻게든 그 학교에만 들어가면 된다. 그러면 아이는 장래에 틀림없이 행복해질 것'이라고 철석같이 믿었습니다. 유찬이가 부모에게 분노를 품게 된 건 바로 그런 부모의 생각 때문이었습니다.

두 번째 사례는 명문고 2학년생 하영이의 부모입니다.
여름방학이 끝나고 2학기가 시작되자마자 하영이는 아침에 못 일어나서 결석하는 날이 늘어났습니다. 병원에서는 질병이 있는 건 아닌데 피로가 누적돼서 그런 것 같다고만 했습니다. 그런데 2학기 말 기말고사에서 몇 과목의 시험을 못 보는 지경까지 되자 부모는 학교에 여러 번 찾아가 학교 측과 협의를 했고, 결국 추가 시험을 봐서 합격하면 3학년 진학이 가능하도록 조치를 해놓았습니다. 그러나 하영이의 몸 상태가 더 나아지지 않아 추가 시험에 통과해도 3학년에 진학할 수 있다는 확신이 없었습니다.

그런데도 하영이의 부모는 "1년만 참고 공부하면 돼. 그러면 의사가 될 수 있어!"라며 의사가 될 수 있다면 건강 문제쯤은 아무것도 아니라는 식으로 말했습니다. 사실 하영이는 부모와 다른 방향으로 진로를 고민하고 있었습니다.

'설사 의사가 된다고 해도 내가 무엇을 하고 싶은지 찾을 수 없다면 이렇게 살아가는 게 어떤 의미가 있을까?'

생각 끝에 하영이는 자신의 고민을 부모에게 털어놓았고, 부모가 그 고민을 받아주면서 자신의 꿈과 마주할 시간을 가질 수 있었습니다.

세 번째 사례는 의사 아들을 둔 부모입니다.

성현 씨는 인턴 생활을 마치고 드디어 레지던트로서 의사다운 일을 하기 시작했지만, 환자나 그 가족들이 내뱉는 심한 말이 견디기 힘들고 직장 내의 인간관계가 버겁다며 그만두고 싶다는 말을 종종 했습니다. 아침에 집을 나섰다가도 직장 근처에서 차를 돌려 집으로 돌아온 적이 몇 번이나 있었을 정도입니다. 그래서 지금은 엄마가 차로 출퇴근을 시키고 있습니다. 걱정이 된 부모가 우울증일 수 있으니 병원에 가보자고 권유했지만 성현 씨는 의사로서의 평가가 낮아질까 걱정하며 그건 절대 안 된다고 했습니다.

아이가 스스로 마음을 잡을 때까지 기다려주세요

이 세 가지 사례를 보면서 무슨 생각이 드셨나요?

이 사례들에서 부모는 아이를 위해 필사적으로 뭔가를 하는데, 아이는 더 이상 지금처럼 살기는 힘들다고 합니다. 그런데도 부모는 그런 아이의 마음과는 상관없이 자기네가 믿는 해결 방식을 고수합니다. 이 상황만 극복하면 지금의 문제는 어떻게든 해결될 거라고 믿지요.

'명문 고등학교에만 들어가면…….'

'유급만 안 당하면…….'

'대학만 합격하면…….'

'의사만 되면…….'

'직장만 안 그만두면…….'

그러나 명문 고등학교에 들어가도, 대학에 들어가도, 의사가 되어도 문제가 해결되지 않습니다. 마지막 사례에서처럼 의사가 된 뒤로도 계속 힘들어할 수 있습니다.

만약 부모의 의지에 의해서가 아닌, 아이 스스로 결정한 진로였다면 어땠을까요? 힘들어도 목적지에 도달하기 위해 노력했을 겁니다. 그러나 자신이 무엇을 하고 싶은지 잘 모르는 상태에서 목적지에 도달했다면 '아수라장' 같은 시련이 닥쳤을 때 무너질 가능성이 높습니다. 그러니 아이가 진로 때문에 고민을 할 땐 일단 부모의 희망이나 욕심을 멈추고 아이가 자신의 마음과 앞으로의 인생에 대해 차분히 생각하는 시간을 갖게 하는 것이 더 큰 불행을 막는 올바른 대처법입니다.

그리고 아이가 스스로 마음을 잡을 때까지 기다려야 합니다. 설사 부모 눈에 변변치 못한 결정 같고 아이가 금세 흥미를 잃을 것 같아도 아이가 직접 찾은 관심 분야나 하고 싶어 하는 일은 부모로서 존중해야 합니다. 그렇게 할 때 비로소 아이 스스로 자신이 무엇을 하고 싶은지 알아낼 수 있습니다.

아이가 자신을 돌아보기 위해 할애하는 시간을 아까워하지 마세요. 멈춰서거나 다시 시작하는 데 너무 늦은 때란 없습니다.

계속 스마트폰만 볼 때

♦ 무심코 하는 말 ♦

"스마트폰 잠시 압수야!"

♦ 믿음을 쌓는 말 ♦

"중요한 일이니까, 네 의견을 말해줘."

요즘 부모들의 최대 고민은 '어떻게 하면 아이의 손에서 스마트폰을 떼놓을 수 있을까?'입니다. 저도 같은 고민을 하고 있습니다. 막내가 아직 중학생인데, 독립한 작은형한테 스마트폰을 양도받은 뒤로 신나게 가지고 놀고 있습니다. SNS 알람이 낮밤을 가리지 않고 울릴 정도입니다.

스마트폰이 막내의 손에 들어오고 일주일 동안은 정말 고민이 많았습니다. 처음엔 저러다 말겠지 했는데, 일주일 내내 스마트폰만 들여다보는 막내를 보며 서서히 조바심이 났습니다. 그래서 열흘째 되던 날, 막내가 학교에서 돌아오자마자 "어제처럼 밤 10시가 넘어서도 스마트폰을 하면 며칠 동안 압수야"라고 말했습니다. 막내는 "알았어"라고 대답했습니다. 시선은 스마트폰에 고정한 채로요.

다음 날 밤, 막내는 9시 반까지 스마트폰을 들고 있다가 간신히 씻고 10시 넘어서 숙제를 시작했습니다. 저는 마음을 단단히 먹고 막내한테 다가가 화를 내면서 말했습니다.

"아직 너한텐 스마트폰이 이른 것 같구나. 시간 지나는 걸 모르고
하니. 지금부터 숙제를 하면 잠자는 시간이 11시가 넘어버리잖아.
스마트폰 압수야!"

그리고는 스마트폰을 빼앗았습니다. 막내의 표정에는 불만이 가득했지만 아무 대꾸 없이 계속 숙제를 했습니다. 막내는 11시쯤 잠자리에 들었습니다.

막내가 잠든 걸 확인하고 아내와 대화를 나눴습니다. '첫째와 둘째 때의 육아 환경과 지금이 다르다', '스마트폰으로 인해 아이들이 변하고 있다' 같은 얘기를 했습니다. 아내는 제가 막

내의 스마트폰을 빼앗은 일에 대해서는 '아이가 약속을 안 지킨 것도 아닌데 화내면서 빼앗은 건 좋지 않은 것 같다'고 의견을 말했습니다.

그때 처음으로 저 자신이 엄청 화가 나 있다는 사실을 알아차렸습니다. 내 뜻대로 되지 않는 아이에 대해 '이상해졌다'거나 '정신병이 아닐까' 걱정하면서 병원에 데리고 가는 부모들이 있는데, 저도 그들과 다를 바 없다는 생각이 들었습니다. 상담 받으러 오는 부모들한테 늘 지적해온 옳지 않은 대응 방식으로 막내를 대했다는 걸 깨닫고 깊이 반성했습니다.

의기소침해진 제게 아내는 "이건 위기가 아니라 기회니까, 내일 아이랑 차분히 대화를 나눠보면 어떨까?"라고 격려해주었습니다. 상담사로서 너무 부끄러웠지만, 아이에게 사과하고 대화를 나누면서 개선해나갈 용기를 내는 것이 더 중요하다고 마음을 다잡았습니다. 실패하더라도 다시 일어서는 것이 인간이라고, 저 자신에게 계속 말해주었습니다.

잘못한 부분은 정확히 사과하세요

다음 날 아침, 막내에게 "어젠 미안했다. 밤 10시가 돼도 스마트폰을 붙들고 있으면 압수한다고 말했는데, 10시 넘어서 숙제를 한다는 이유로 압수한 것은 아빠 잘못이라고 생각해"라고 사과했습니다. 그러자 막내는 아무 말 없이 식탁 위에 있던 학교 프린트물을 읽기 시작했습니다. 평소라면 스마트폰을 붙들고 있을 시간이지만, 제가 빼앗았기 때문에 어쩔 수 없이 프린트물을 보고 있는 겁니다. 그러자 이번엔 아내가 말했습니다.

"이건 중요한 일이니까, 네 의견을 듣고 싶어."

막내는 고개를 들었지만 아무 말이 없었습니다. 마침 세탁기의 세탁 종료 멜로디가 흘러나왔고, 저와 아내는 세탁물을 꺼내서 넣기 시작했습니다. 그때 막내가 다가와 또박또박 말했습니다.

"있잖아요, 아빠. 압수는 안 된다고 생각해요. 갑자기 그렇게 빼앗지 말고 말로 해주세요."

당당한 그 모습이, 제 아들인데도 멋져 보였습니다. 그래서 "네 얘기가 듣고 싶었어. 고맙다. 압수는 잘못한 거야. 미안해. 앞으론 말로 할게"라고 진심으로 대답했습니다. 제 말에 막내는 수긍하고 식탁으로 돌아갔습니다. 아이 눈엔 눈물이 고여 있었습니다. 제 딴에 크게 용기 내어 말했나 봅니다.

저처럼 많은 부모가 '이 아이는 아직 어리기 때문에 내가 명령해서라도 스마트폰을 못 하게 해야 한다'고 생각해서 억지로 빼앗는 일이 종종 있는 걸로 압니다. 그런데 중고등학생 아이에게서 스마트폰을 억지로 빼앗는 방법은 부모에 대한 반발심만 키울 뿐입니다. 그러니 이 시기는 아이의 교섭 능력을 키워줄 단계라는 사실을 마음에 새기고 아이가 자기에게 주어진 성장의 기회를 충분히 활용할 수 있도록 도와야 합니다.

육아 문제로 오랫동안 상담을 해온 저도 여전히 갈팡질팡하지만, 그래도 아이와의 관계 맺기는 즐겁고 행복한 일이라는 생각에는 변함이 없습니다.

나의 육아를
지탱해주는 사람

육아는 분명 즐거움을 주는 일이지만, 힘든 과정이기도 하고 걱정거리도 많은 일입니다. 육아를 하면서 힘들고 불안할 때면 당신은 어떻게 하나요? 저는 한 사람을 떠올립니다.

30년 전, 대학생 시절에 저는 교토에 살았습니다. 당시엔 목욕탕에 가는 게 중요한 일과였습니다. 거기서 철규 씨를 알게 되었습니다. 증권사에서 근무를 하다가 자유가 그리워서 그만두고 택시 운전사를 하고 있다고 했습니다.

철규 씨에겐 갓 태어난 아들이 있었습니다. 만날 때마다 사우나에서 아들 얘기를 했습니다. 아내도 일을 했기 때문에 철규 씨는 분유를 타거나 기저귀를 갈거나 어린이집에

등하교시키는 일을 직접 했습니다. 저는 그때 육아에 대해 전혀 아는 게 없었기 때문에 막연히 '무척 힘들겠다'고 짐작만 했습니다. 그런데 지금 생각해도 철규 씨의 육아 철학이 무척 특이했습니다. 철규 씨가 내게 해준 얘기들을 들어보면 철규 씨의 육아 철학이 느껴질 것입니다.

"육아는 너무너무 힘들어. 근데 재미있어. 우리 부부는 쭉 강아지를 키웠거든. 강아지도 귀엽지만, 아기란 존재는 더 대단해. 아기의 웃는 얼굴을 보면 그냥 녹아. 내 옆에서 배를 깔고 엎드려 있다가 그 작은 손으로 눈앞에 있는 물건을 집어서 입에 넣는데, 자기가 못 하겠으면 '아, 아' 이러면서 나를 쳐다보는 거야. 보통이 아니야, 사람 다루는 솜씨가."

"요샌 기어 다니기 시작해서 눈을 뗄 수가 없어. 내가 10년을 못 끊던 담배도 끊었잖아. 담배나 라이터 쪽으로 금세 직진해서 식겁했어. 그걸 먹기라도 했다면? 생각하기도 싫네. 아기는 목표물을 발견하면 성큼성큼 전진해. 그리곤 낚아채서 바로 입으로 가져가서 빨아대. 그러다 나를 보면서 방실방실 웃는 거야. 자기가 해냈다고 자랑하고 싶은 거지. 말만 못 하지 표정으로 할 말 다 한다니까."

"우리 애가 드디어 일어섰어! '아, 아' 소리를 내서 보니까 가구 끝을 붙잡고 서 있는 거야. 발에 힘을 잔뜩 준 채 덜덜 떨면서 말이야. 드디어 강아지를 넘어선 거지. 인류는 위대하다니까!"

"요새 아들이 '아푸아 아푸아' 하면서 말하기 시작했어. 나를 부르는 거지, '아빠' 하고. 대단하지? 진짜 말한다니까! 강아지는 말 못 하잖아. 아이는 말하자면 '말하는 강아지'랄까? 강아지보다 훨씬 더 귀여운 데다 말까지 해. 아기는 진짜 대박, 최고야!"

당시엔 아빠가 육아를 하는 경우는 아주 드문 일이었습니다. 신기해서, 목욕탕에 같이 다니던 학생들 몇몇이 철규씨 집에 가서 아기를 보고 오기도 했습니다. 지금 생각해보면 생생한 육아 현장을 본 셈입니다. 지금도 가끔 철규 씨의 재밌는 표현과 순수한 표정, 한없이 낙천적이던 모습이 떠오릅니다.

아이의 성장을 늘 즐겁게 바라본다는 것

맨 처음 만났던 육아 선배가 철규 씨 부부인 것은 행운이었습니다. 아기를 개와 비교해서 말하는 게 부모들 눈에는 좋지 않아 보일 수 있지만, 즐겁고 행복한 마음으로 육아를 한 철규 씨의 얘기를 아빠가 되고 나서 여러 방면으로 되새겨 보게 되었습니다.

'그렇게 하지 않으면', '이렇게 키우지 않으면' 하고 불안해질 때마다 "왜 심각한 얼굴을 하고 그래. 아기는 말하는 개라니까. 육아를 즐기자고!"라고 말하는 철규 씨의 목소리가 들려오고 이내 마음이 편해집니다.

철규 씨의 육아 철학은 '아이와 지내는 건 즐겁다'였던 것 같습니다. 운 좋게도 저는 철규 씨를 통해 '육아는 반드시 해야 할 일이 아니라 그 자체가 최고의 체험이며 사치라는 것을 잊어선 안 된다'는 사실을 일찌감치 배운 것입니다.

어느 순간부터는 따뜻한 부모에서

지켜보는 부모로 변화해야 합니다

이 책의 원고를 완성한 1월 말의 어느 날, 중학생인 막내아들이 축구부의 아침 연습을 위해 일찍 집을 나섰다가 다시 돌아왔습니다. 현관문을 열면서 "물통"이라고 한마디 하더니 곧 "스파이크도 안 챙겼네" 하고 말했습니다. 목소리에서 안타까움이 느껴졌습니다. 부엌에 놓여 있던 물통을 현관에서 건넸습니다. 아들은 스파이크 주머니를 들고 말없이 나갔습니다.

학교까지는 걸어서 10분 거리입니다. 늦을 게 분명했지만 아들은 "차로 데려다주세요."라고 말하지 않았습니다. 저도 "데려다줄까?" 하고 물어보지 않았습니다. "얼마 전에도 깜빡했지?", "전날 미리 가방에 스파이크 넣어두면 되잖아!"라고도 하지 않았습니다. 월요일 아침부터 잔뜩 풀이 죽은 채 걸어갈 아들의 모습과 기분이 그려졌고, 아침 훈련에 늦으면 선배들한테 한소리 들을 텐데 하는 생각을 하면서 커피를 마셨습니다.

아이에게는 모든 순간이 성장의 기회입니다

제가 '데려다줄까?'라고 묻지 않은 이유는 교육적 효과를 노려서가 아닙니다. '한번 고생해보면 다음부터 조심하겠지' 하는 의도도 없었습니다. 만약 "아빠, 좀 태워주세요"라고 했다면 기꺼이 그랬을 것입니다. 귀찮은 걸 싫어하는 아들이 예전 같으면 태워달라고 했을 텐데 굳이 부탁하지 않은 것은 '이 실패를 스스로 겪어내고 싶다'는 마음이 있었기 때문일 겁니다. 이 시련을 혼자 맞서고 있다는 자존심을 부모에게 보여준 것이라고요.

앞에서 소개한 〈엄마는 자식을 떠나보내기 위해 존재한다〉는 논문의 핵심은 '떠나보낸다'와 '존재한다'입니다. 부모는 아이를 책망하거나 어려워하는 일을 대신 해주는 존재가 아니라, 아이가 손을 뻗으면 닿는 그 자리에 있는 존재입니다. 아이를 지켜보기만 하는 것이 힘들고 안타깝겠지만, 아이는 부모가 그런 기분인 것도, '나를 신뢰하고 있다'는 것도 틀림없이 느끼고 있습니다.

198

이런 일상 속의 섬세하고 애틋한 이별이 쌓이고 쌓이면 아이의 인생을 존중하는 마음이 부모의 마음에 자리를 잡습니다. 이 책을 읽은 분들은 육아의 열매라고도 할 만한 이런 순간들을 놓치지 않기를 바랍니다.

내가 들어보지 못해서,
아이에게 해주지 못한 말들

초판 1쇄 발행 | 2020년 9월 1일
초판 8쇄 발행 | 2022년 1월 30일

지은이 · 다나카 시게키
옮긴이 · 장민주
발행인 · 이종원
발행처 · (주)도서출판 길벗
출판사 등록일 · 1990년 12월 24일
주소 · 서울시 마포구 월드컵로 10길 56(서교동)
대표 전화 · 02)332-0931 | 팩스 · 02)323-0586
홈페이지 · www.gilbut.co.kr | 이메일 · gilbut@gilbut.co.kr

기획 및 책임편집 · 황지영(jyhwang@gilbut.co.kr) | 제작 · 이준호, 손일순, 이진혁
영업마케팅 · 진창섭, 강요한 | 웹마케팅 · 조승모, 송예슬
영업관리 · 김명자, 심선숙, 정경화 | 독자지원 · 윤정아, 홍혜진

본문 디자인 · 황애라 | 편집 진행 및 교정 · 장도영 프로젝트 | 전산편집 · 예다움
인쇄 · 두경m&p | 제본 · 경문제책

* 잘못된 책은 구입한 서점에서 바꿔 드립니다.
* 이 책에 실린 모든 내용, 디자인, 이미지, 편집 구성의 저작권은 길벗과 지은이에게 있습니다.
  허락 없이 복제하거나 다른 매체에 옮겨 실을 수 없습니다.

ISBN 979-11-6521-265-0 03590
(길벗 도서번호 050153)

독자의 1초를 아껴주는 정성 길벗출판사

길벗 | IT실용서, IT/일반 수험서, IT전문서, 경제실용서, 취미실용서, 자녀교육서
더퀘스트 | 인문교양서, 비즈니스서
길벗이지톡 | 어학단행본, 어학수험서
길벗스쿨 | 국어학습서, 수학학습서, 유아학습서, 어학학습서, 어린이교양서, 교과서

이 도서의 국립중앙도서관 출판예정도서목록(CIP)은 서지정보유통지원시스템 홈페이지
(http://seoji.nl.go.kr)와 국가자료종합목록 구축시스템(http://kolis-net.nl.go.kr)에서
이용하실 수 있습니다. (CIP제어번호 : CIP2020034033)